U0149523

包装设计
基础教程

瞿颖健 编著

Packaging
Design

化学工业出版社
·北京·

图书在版编目（CIP）数据

包装设计基础教程/瞿颖健编著. —北京：化学工业出版社，2022.1
ISBN 978-7-122-39992-2

Ⅰ.①包… Ⅱ.①瞿… Ⅲ.①包装设计-教材 Ⅳ.①TB482

中国版本图书馆CIP数据核字（2021）第196891号

责任编辑：陈 喆 王 烨　　　　　　装帧设计：王晓宇
责任校对：王鹏飞

出版发行：化学工业出版社（北京市东城区青年湖南街13号　邮政编码100011）
印　　装：北京瑞禾彩色印刷有限公司
787mm×1092mm　1/16　印张14$^1/_2$　字数396千字
2022年2月北京第1版第1次印刷

购书咨询：010-64518888　　　　　　售后服务：010-64518899
网　　址：http://www.cip.com.cn
凡购买本书，如有缺损质量问题，本社销售中心负责调换。

定　　价：89.80元　　　　　　　　　　版权所有　违者必究

包装设计近年来在商业活动中的作用凸显，在提升产品形象、吸引消费者注意力等方面越来越重要。市场上包装设计类图书以"鉴赏型"居多，"鉴赏型"图书的特点是案例多、图片精美、启发性强，但弊端是书不耐读，延伸价值小。

鉴于这种情况，我们在2017年组织策划了"从方法到实践：手把手教你学设计"系列图书，该套图书面向初学者，在"鉴赏型"的基础上，侧重理论和方法，即使是非专业人员，也能从中学到很多有用的设计技巧。

《从方法到实践：手把手教你学包装设计》是该系列中的一个分册，通过扎实的包装设计理论和大量经典的国内外包装设计案例，让初学者短时间内洞悉包装设计的奥秘，并能够将所学内容应用于包装设计工作中。

《包装设计基础教程》是在《从方法到实践：手把手教你学包装设计》的基础上编写的。此次升级主要对各章内容进行简化、突出重点；对书中质量不高的图片进行替换；对老旧的案例进行更新，尽量反映目前较为流行的设计方法和作品。

本书共分8章，具体内容包括包装设计理论、包装设计基础、包装设计的文字和图形、包装设计的材料、包装设计的编排法则、不同产品的包装形式、包装色彩的视觉印象和包装设计训练营等。编者以包装设计的基本应用方法为起点，以拓展读者朋友对包装设计的思路为目的，希望通过通俗易懂的理论知识、精致多样的赏析案例、色彩斑斓的配色方案、完整详细的综合案例，给读者一个更好的学习思路，进而从本质上提高包装设计能力。

本书由瞿颖健编著，曹茂鹏为本书编写提供了帮助，在此表示感谢。

由于时间仓促，加之水平有限，书中难免存在不妥之处，敬请广大读者批评指正。

编著者

091 5 包装设计的编排法则

127 6 不同产品的包装形式

7 包装色彩的视觉印象

8 包装设计训练营

Packaging
Design

1

包装设计理论

商品包装设计的基本职能是保护商品和促进商品销售，能够让商品的价值得以提升。该章节所阐述的是：商品包装的概念、原理，以及商品包装的功能和目的。

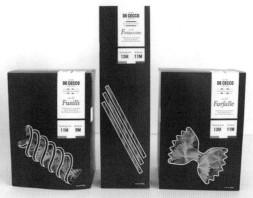

包装设计对商品非常重要，不单单是保护商品不被污染，还是人们生活水平提高的一种反映。包装的结构和外观的结合设计，使其在运输和销售时拥有光鲜亮丽的"外衣"，具有一个完整的商品形象，提高了附属价值，让商品尽善尽美，能够激起消费者的购买欲望。

1.1 包装设计的概念

　　在日常生活中，我们经常会接触到各种包装精美的商品，商品的精美包装，可以引起消费者对该商品的了解欲望。

　　商品包装可以保护商品，防止商品被日晒、灰尘污染；美化商品，吸引消费人群、促进销售；还可以实现商品的价值和使用价值等，而如今包装的真正目的是起到宣传的作用，好的包装设计可以令顾客过目不忘。

一个成功的包装设计应具备以下6个要点：

① 货架印象；

② 可读性；

③ 外观图案；

④ 商标印象；

⑤ 功能特点说明；

⑥ 提炼卖点及特色。

1.2　包装设计的功能

　　如果想要包装设计对消费者心理起到影响，首先是要让包装设计引起消费者的注意，我们可以将包装的信息内容从视觉形象、文字、图形、色彩中展示出来，体现包装商品的有利价值。包装设计的功能可分为：自然功能和社会功能。

（1）自然功能——保护功能和便捷功能

　　保护商品的形态、质量、性能，使得消费者能够安全使用商品，方便商品开启。

（2）社会功能——精神上的审美功能

创造附属品的价值，提升商品的文化内涵，给消费者带来愉悦的消费心理。

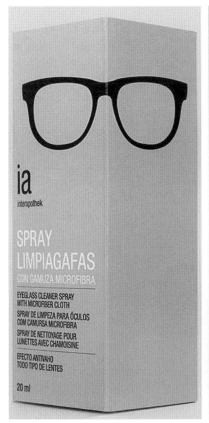  

1.3　商品包装的目的

商品包装的目的是：保护商品、便于流通、方便使用和促进销售。

保护商品——保持化：通过适当的包装使包装物不变形、不变质。

便于流通——可搬化：通过包装使被包装物易于携带和搬运。

方便使用——用途化：通过包装使被包装物易于利用、开启和进行管理。

促进销售——意义化：通过包装的形体、方式或印在包装上的文字、标记，传达出内部物品所具备的用途、用法与出处。

1.3.1 保护商品

商品包装在保护商品方面有以下几方面的作用。

（1）保护商品形态

防止商品在装载、运输过程中被冲击、振动而损坏。

（2）防止商品发生化学反应

商品在消费过程中容易受潮、发霉而发生化学反应，因此在包装过程中要防止水分、潮气影响产品质量。

（3）防止外界生物伤害商品

鼠、虫对商品有很大的破坏性，因此在包装设计上应加固包装的阻隔性。

1.3.2　方便使用

商品包装的方便使用性有如下功能。

（1）识别功能

个性独特的包装能够完美地塑造出商品的形象以及品牌形式，更是让消费者对该商品加深印象的有效方式。

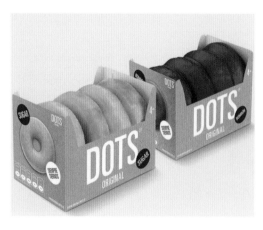

（2）便利功能

便利的商品包装不仅易于打开，也具备很好的密封性，更加方便消费者购买和使用该商品。

（3）审美功能

审美性的包装设计能够使得商品锦上添花，而且富有极强的艺术性，能够带给消费者赏心悦目的视觉效果。

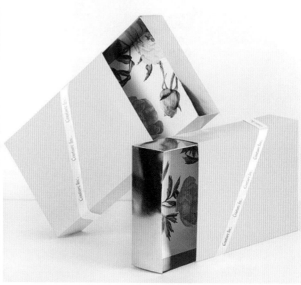

（4）联想功能

联想功能不仅仅是一种包装的表达形式，更是商品包装的一种艺术性的诉说。包装色彩与图形的结合可以带给消费者无限的想象，进而也可以加深消费者对该商品的兴趣与好感。

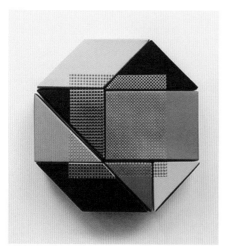

1.3.3　便于流通

　　便于流通的包装是在商品运输过程中，除起到良好的保护措施外，还要方便携带，简洁环保。

1.3.4　促进销售

　　想要提升商品的销售，就不能单一地只是对商品进行包装，要通过商标、图形和文字等多种元素的结合，起到对商品的装潢和美化作用，才能够成功达到吸引消费者的目的，进而促进商品销售。

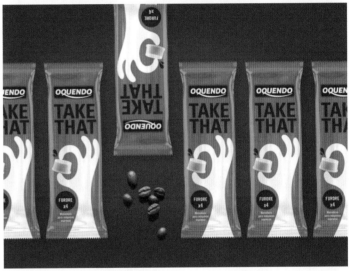

Packaging
Design

2 包装设计基础

商品包装中色彩是最基础的设计。而色彩的形成是通过眼、大脑和我们的生活经验所产生的一种对光的视觉效应。一个物体的光谱决定了这个物体的颜色，而人类对物体颜色的感觉不仅仅由光的物理性质所决定，也会受到周围颜色的影响。所以，色彩感觉不仅与物体本来的颜色特性有关，而且还与物体所处的时间、空间、物体的外表状态以及该物体的周围环境有关，甚至还会受到个人的经历、记忆力、看法和视觉灵敏度等各种因素的影响。例如随着光照和周围环境的变化，我们所看到的色彩也发生了变化。

色彩在包装中给人带来直接强烈的视觉冲击感的同时，又能与消费者在情感上产生共鸣。

2.1 商标设计

　　商标是一种符号，是企业、机构、商品和各项设施的象征形象。商标的特点是由它的功能、形式决定的。它要将丰富的内容以更简洁、更概括的形式，在相对较小的空间里表现出来，同时又能让观察者在较短的时间内理解其内在的含义。商标一般可分为文字商标、图形商标以及文字图形相结合的商标三种形式。优秀的商标设计，应该是创意表现有机结合的产物。创意是根据设计要求，对某种理念进行综合、分析、归纳、概括，通过哲理的思考化抽象为形象，将设计概念由抽象的评议表现逐步转化为具体的形象设计。

　　商标本身就是一种视觉元素，有些包装干脆就把商标作为包装的主要视觉元素，如可口可乐等。

2.2　文字设计

　　文字设计是商品包装中的核心部分，通过美妙的创意设计来美化文字，以便与消费者更容易沟通，使得文字具有可视性和可读性。而文字从整体上来说分为品牌性文字、宣传性文字和说明性文字。品牌性文字在具有规范性和标志性的前提下，使得文字达到简练醒目的视觉效果；宣传性文字是以诚恳的态度吸引消费者，增强对商品的良好印象和信任；说明性文字主要是对产品的一个介绍说明，是商品推销的重要因素。

　　通过各种文字要素所产生的视觉认知，不仅能够传递商品的信息，还能吸引顾客，给人带来美好的心情。

　　文字的大小、位置要根据其具体内容而定，注意它跟图形、色彩、标志等方面的关系。

2.3 色彩设计

　　色调不是指颜色的性质，而是对画面整体颜色的概括评价，是色彩的配置所形成的一种画面总体倾向。例如采用大面积红色的商品包装，不仅能够强化产品的宣传效果，还能传递出商品的热情与活力，是暖色调的展现；而绿色的商品包装给人呈现天然纯净、清爽的感觉，也是冷色调的展现。

　　使不同颜色的物体都带有同一色彩倾向，这样的色彩现象就是色调。在色彩的三要素中，某种因素起主导作用，我们就称之为某种色调。通常情况下可以从纯度、明度、冷暖、色相四个方面来定义一幅作品的色调。

纯色调：纯色调是利用纯色进行色彩搭配的色调。

明度色调：在纯色中加入白色所形成的色调被称为"亮色调"；在纯色中加入灰色所形成的色调被称为"中间色调"；在纯色中添加黑色所形成的色调被称为"暗色调"。

冷暖色调：冷色与暖色是依据视觉心理对色彩的感知性分类。波长较长的红光和橙、黄色光，有温暖的感觉。而波长较短的紫色光、蓝色光、绿色光会给人冰冷的感受。暖色调给人感觉更温暖和亲和，会感受到前进感，而冷色调则会感觉冰冷，会感受到后退感，让人感觉冷静和疏远。

色相色调：根据事物的固有色定义的色调。例如柠檬色、橙红色系等。

2.3.1 色相、明度、纯度

色相就是色彩的"相貌"，色相与色彩的明暗无关，是区别色彩的名称或种类。色相是根据该颜色光波长短划分的，只要色彩的波长相同，色相就相同，波长不同才产生色相的差别。例如明度不同的颜色但是波长处于780～610nm范围内，那么这些颜色的色相都是红色。

红——780～610nm
橙——610～590nm
黄——590～570nm
绿——570～490nm
青——490～480nm
蓝——480～450nm
紫——450～380nm

说到色相就不得不了解一下什么是"三原色""二次色"以及"三次色"。

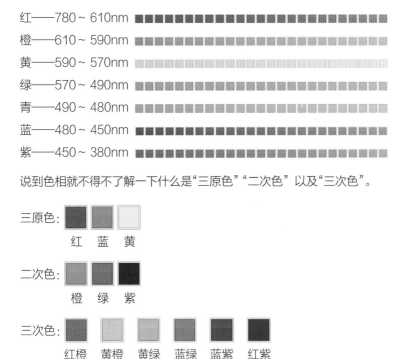

三原色：
红　蓝　黄

二次色：
橙　绿　紫

三次色：
红橙　黄橙　黄绿　蓝绿　蓝紫　红紫

"红、橙、黄、绿、蓝、紫"是日常中最常听到的基本色，在各色中间加插一个中间色，其头尾色相，即可制出十二基本色相。

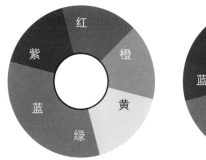 

在色相环中，穿过中心点的对角线位置的两种颜色是互补色，即角度为180°的时候。因为这两种色彩的差异最大，所以当这两种颜色相互搭配并置时，两种色彩的特征会相互衬托得十分明显。补色搭配也是常见的配色方法。

红色与绿色互为补色。紫色和黄色互为补色。

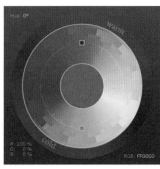 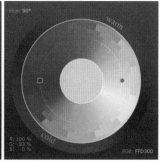

色相对比是两种或两种以上色相之间的差别。当画面主色确定之后，就必须考虑其他色彩与主色之间的关系。色相对比中通常有邻近色对比、类似色对比、对比色对比、互补色对比。

明度是眼睛对光源和物体表面的明暗程度的感觉，主要是由光线强弱决定的一种视觉经验。明度也可以简单地理解为颜色的亮度。明度越高，色彩越白越亮，反之则越暗。

高明度　　　　　　　　中明度　　　　　　　　低明度

色彩的明暗程度有两种情况：同一颜色的明度变化；不同颜色的明度变化。同一色相的明度深浅变化效果如图所示。不同的色彩也都存在明暗变化，其中黄色明度最高，紫色明度最低，红、绿、蓝、橙色的明度相近，为中间明度。

使用不同明度的色块可以帮助表达画面的感情：在不同色相中的不同明度效果；在同一色相中的明度深浅变化效果。

明度对比就是色彩明暗程度的对比，也称为色彩的黑白对比。明度按序列可以分为三个阶段：低明度、中明度、高明度。

低明度	中明度	高明度

低明度的蓝黑色包装袋给人一种高雅、尊贵的感觉。	灰色是典型的中明度基调，给人柔和、质朴的典雅感觉。	高明度的红色基调，将商品塑造得更加生动、活力。

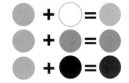

纯度是指色彩的鲜浊程度，也就是色彩的饱和度。物体的饱和度取决于该物体表面选择性的反射能力。在同一色相中添加白色、黑色或灰色都会降低它的纯度。左图所示为有彩色与无彩色的加法。

色彩的纯度也像明度一样有着丰富的层次，令纯度的对比呈现出变化多样的效果。混入的黑、白、灰成分越多，则色彩的纯度越低。以红色为例，在加入白色、灰色和黑色后其纯度都会随着降低。

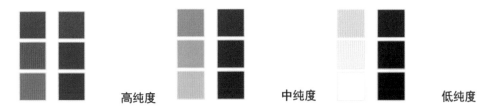

在设计中可以通过控制色彩纯度的方式对画面进行调整。纯度越高，画面颜色效果越鲜艳、明亮，给人的视觉冲击力越强；反之，色彩的纯度越低，画面的灰暗程度越高，其所产生的效果就更加柔和、舒服。高纯度给人一种艳丽的感觉，而低纯度给人一种灰暗的感觉。

纯度对比是指，因颜色纯度差异产生的颜色对比效果。纯度对比既可以体现在单一色相的对比中，也可以体现在不同色相的对比中。通常将纯度划分为三个阶段：高纯度、中纯度和低纯度。

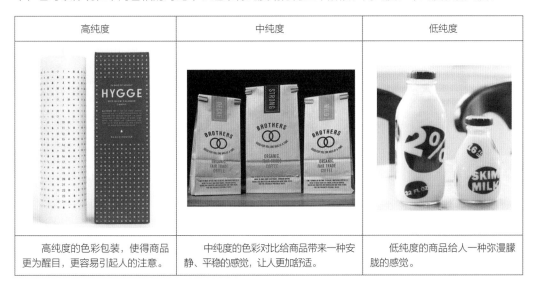

高纯度	中纯度	低纯度
高纯度的色彩包装，使得商品更为醒目，更容易引起人的注意。	中纯度的色彩对比给商品带来一种安静、平稳的感觉，让人更加啥适。	低纯度的商品给人一种弥漫朦胧的感觉。

2.3.2 主色、辅助色、点缀色

主色是占据作品色彩面积最多的颜色。主色决定了整个作品的基调和色系。其他的色彩如辅助色和点缀色，都将围绕主色进行选择，只有辅助色和点缀色能够与主色协调时作品整体看起来才会和谐、完整。

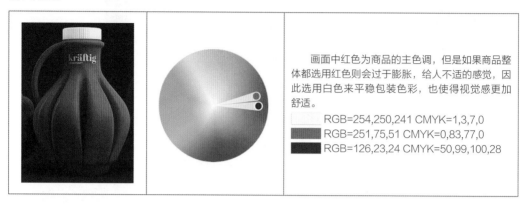

画面中红色为商品的主色调，但是如果商品整体都选用红色则会过于膨胀，给人不适的感觉，因此选用白色来平稳包装色彩，也使得视觉感更加舒适。

RGB=254,250,241 CMYK=1,3,7,0
RGB=251,75,51 CMYK=0,83,77,0
RGB=126,23,24 CMYK=50,99,100,28

辅助色是为了辅助和衬托主色而出现的，通常会占据作品的三分之一左右。辅助色一般比主色略浅，否则会产生喧宾夺主和头重脚轻的感觉。

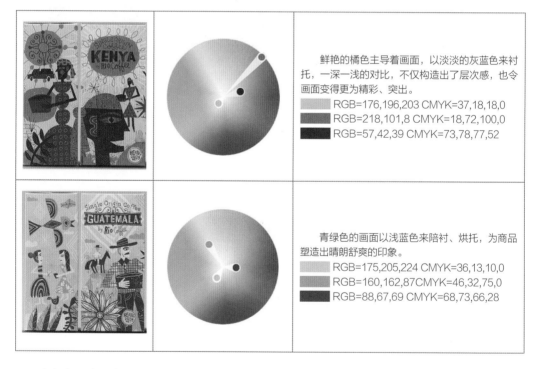

鲜艳的橘色主导着画面，以淡淡的灰蓝色来衬托，一深一浅的对比，不仅构造出了层次感，也令画面变得更为精彩、突出。

RGB=176,196,203 CMYK=37,18,18,0
RGB=218,101,8 CMYK=18,72,100,0
RGB=57,42,39 CMYK=73,78,77,52

青绿色的画面以浅蓝色来陪衬、烘托，为商品塑造出晴朗舒爽的印象。

RGB=175,205,224 CMYK=36,13,10,0
RGB=160,162,87 CMYK=46,32,75,0
RGB=88,67,69 CMYK=68,73,66,28

点缀色是为了点缀主色和辅助色出现的，通常只占据作品很少一部分。辅助色的面积虽然比较小，但是作用很大。良好的主色和辅助色的搭配，可以使作品的某一部分突出或使作品整体更加完美。

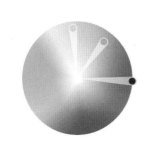

该商品使用同色系色彩搭配，显得极为柔和舒适，再添加白色点缀使得画面整体更加明亮。

RGB=253,247,255 CMYK=1,5,0,0
RGB=252,211,29 CMYK=6,21,86,0
RGB=248,150,49 CMYK=3,53,82,0
RGB=46,0,5 CMYK=71,96,90,69

2.3.3 色彩功能

（1）识别判断

色彩给人类带来的影响是非常大的，不仅会留下印象，还会影响人们的判断力。例如看到棕色和肉色，则会联想到人体的皮肤。

看到红色的苹果会觉得它是成熟的、甜的，而看到绿色的苹果则会觉得它是生的、涩的。

（2）衬托对比

在画面中使用互补色的对比效果，可以使前景物体与背景相互对比明显，将前景物体衬托得更加突出。例如在包装中的图案两种颜色太过相近，给人一种不清晰的感觉。当其中的颜色发生改变，两种颜色相互衬托，视觉效果才会更加鲜明。

（3）渲染气氛

提起黑色、深红、墨绿、暗蓝、苍白等颜色，你会想到什么？是午夜噩梦中的场景，还是恐怖电影的惯用画面，或是哥特风格的阴暗森林？想到这些颜色构成的画面会让人不寒而栗。的确，很多时候人们对于色彩的感知远远超过事物的具体形态，因此为了营造某种氛围就需要从色彩上下功夫。例如下面左图在画面中大量使用青、蓝、绿等冷色时，能够表现出阴沉、寂静的氛围。右图使用黄、橙、红等暖调颜色时，更适合表现欢快、美好的氛围。

（4）修饰装扮

在画面中添加适当的搭配颜色，可以起到修饰和装扮的作用，从而使单调的画面变得更加丰富。例如在本案例中，原本白灰色的搭配过于单调、乏味，经过修改，添加了不同明度的色彩，使包装更加引人注意。

（5）心理暗示

色彩是神奇的，它不仅具有独特的三大属性，还可以通过不同属性的组合给人们带来冷、暖、轻、重、缓、急等不同的心理感受。下面就来了解一下色彩的魔力吧！

色彩的重量：其实颜色本身是没有重量的，但是有些颜色使人感觉到重量感。例如，同等重量的白色与绿色物体相比，会感觉绿色更重些。若再与同等的褐色物体相比，褐色又会看上去更重。

色彩的冷暖：色彩有冷暖之分。色相环中绿一边的色相称冷色，色相环中红一边的色相称暖色。冷色使人联想到海洋、天空、夜晚等，传递出一种宁静、深远、理智的感觉，所以在炎热的夏天，在冷色环境中会感觉到舒适。暖色则使人联想到太阳和火焰等，给人一种温暖、热情、活泼的感觉。

色彩的动态：色彩具有前进色和后退色的效果，有的颜色看起来向上凸出，而有的颜色看起来向下凹陷，其中显得凸出的颜色被称为前进色，而显得凹陷的颜色被称为后退色。前进色包括红色、橙色等暖色；而后退色则主要包括蓝色和紫色等冷色。同样的图片，红色会给人更靠近的感觉。

2.3.4 图形设计

包装中的图形设计是指针对产品包装的外观造型的图形、印制的图形设计等。图形作为设计的语言，可以更形象地传递出产品的信息。图形可分为实物图形和装饰图形。

（1）实物图形

通常采用绘画手法、摄影写真等来表现，是一种直观的表现手法，也是包装设计最常用的手法。

（2）装饰图形

分为具象和抽象两种表现手法。具象是指通过人物、动物、植物等现实图形作为包装图形符号，进行设计。

而抽象则指通过具象的形象进行归纳、提炼、再设计。进行概念化设计处理，使其更精简、干练、醒目，具有形式感，也是包装设计的主要表现手法。通常，具象形态与抽象表现手法在包装设计中并非孤立的，而是结合使用的。

Packaging Design

3

包装设计的文字和图形

包装设计中的文字和图形设计都是视觉语言的传达，产品借助包装的文字和图形将产品的形象完整地展示出来。

　　文字，是一种直观性的语言传达，消费者可以根据产品的包装文字对其进行认知、引导和交流，令消费者在阅读的过程中获得审美的享受；图形，是直观、真实、准确的传达，多以比喻、借喻、象征等手法来突出产品的特色，给消费者带来更多的联想空间，将产品以完美的形象展现出来。

3.1　包装设计的文字

　　产品包装设计除了色彩、画面、LOGO等元素以外，文字的表达和精练程度是最为重要的。文字是传达产品信息必不可少的组成部分，而且文字的构成画面也能够明确地突出品牌形象和创作出独特的视觉效果来吸引消费人群。

- 用文字能够充分传达出产品的功能和特性。
- 文字能够美化包装，起到宣传产品的效果。
- 具有强烈的视觉吸引力。

3.1.1　包装文字类型

　　包装文字的类型可分为两种：一种是基本字体，以造型优美独特、个性突出、新颖等形式出现；另一种是说明文字，主要是对产品的成分、容量、保质期等注意事项说明介绍，要求设计简单，给人清晰直观的视觉展示。

（1）手把手教你——包装文字类型的设计方法

文字编排：下列产品包装中的文字编排属于横排形式，每个字符之间的划分都恰当得体，使产品本身的设计创造出一种独特的新颖感，既给包装塑造出整洁的画面，又增添了浓浓的艺术气息。

（2）字体编排形式

集中编排形式	横式编排形式
作品所展现的字体编排采用集中编排形式，能够更好地集中视线，使得中心处更加突出，亦令包装整体性更加强烈。	作品中展示的横式编排与产品形成纵横交错的视觉感，独特又不单一，可以很好地吸引观众的目光。

（3）文字类型的包装设计

设计
说明 该产品的文字设计类型属于随性设计。

色彩
说明 黑色较为冷静，红色较为热情，两者搭配结合展示出画面强烈的冲击感。

■ RGB=238,238,238 CMYK=8,6,6,0
■ RGB=137,137,137 CMYK=53,44,42,0
■ RGB=114,0,3 CMYK=52,100,100,36
■ RGB=1,1,1 CMYK=93,88,89,80

1.包装瓶整体采用深邃的黑色打造，塑造出一种个性美。
2.抽象画面将空间打造得丰富、饱满，又不凌乱。
3.线性构图能够使得画面富有浓郁的韵律感。

设计
说明 本作品的文字编排是一种重复性编排形式。

色彩
说明 紫色与红色的结合，呈现出妖娆的魅惑感。

■ RGB=254,250,249 CMYK=1,3,2,0
■ RGB=200,97,150 CMYK=28,74,17,0
■ RGB=162,68,107 CMYK=46,85,43,0
■ RGB=168,46,49 CMYK=41,94,87,6

1.产品包装的构图采用文字紧密式构图，将字母以紧凑的形式装饰画面，让包装整体变得更加充实。
2.红紫色的产品包装不仅将色彩发挥得淋漓尽致，也拉近了产品与消费者之间的距离感。

（4）文字类型的包装设计小妙招——色彩与文字的烘托

关键词：轻柔

关键词：多彩

产品包装采用无毒、无害的塑料材质，用它所特有的透明性质将产品的样貌诠释给消费者，而粉色与黄色映衬的白色文字，也为产品起到突出性的作用。

在这套系列包装中，不同颜色的文字代表着不同的口味，既能够体现其独特性，又能够体现系列包装的统一性。

（5）优秀作品赏析

3.1.2 包装设计中文字的设计原则

包装设计中字体不仅要充分地传达出产品信息，还要与形式、功能以及人们的要求达到和谐统一。文字在表达产品时要在与产品的风格、特点统一的情况下加以创新，增强文字所带来的强烈视觉吸引，使得文字既能突出产品的品牌形象，又能给消费者轻松、优雅的感觉。

（1）手把手教你——文字设计的方法

多样化的文字：下列产品包装画面均以文字形式装饰，用文字诠释画面，既能简介产品，又能突出产品的美感，起到很好的宣传作用。

（2）文字设计的形式

平稳	紧密
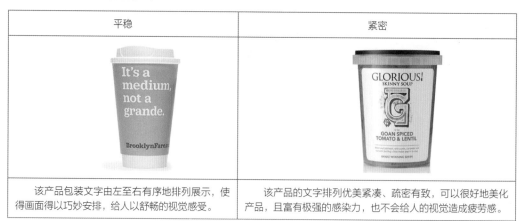	
该产品包装文字由左至右有序地排列展示，使得画面得以巧妙安排，给人以舒畅的视觉感受。	该产品的文字排列优美紧凑、疏密有致，可以很好地美化产品，且富有极强的感染力，也不会给人的视觉造成疲劳感。

（3）包装设计中的文字设计原则

设计说明 该产品展示的是瓶体的包装设计。

色彩说明 黄颜色以瓶颈处由浅至深地向下渐变，曼妙的"流动"性给人带来美妙的视觉感受。

- RGB=255,249,70　CMYK=8,0,75,0
- RGB=250,179,15　CMYK=4,38,90,0
- RGB=200,90,6　CMYK=28,76,100,0
- RGB=218,214,199　CMYK=18,15,23

1. 瓶体的底部色彩采用较深的橘黄色，避免了头重脚轻的视觉晃动感，更加安稳。
2. 瓶身处随性的红色英文字符与白色蝴蝶的结合，令整个画面富有生机勃勃的景象。

设计说明 该产品所展示的是塑料材质的瓶体包装设计。

色彩说明 清新的白色和淡雅的灰绿色所结合的画面给人以柔和的视觉感受。

- RGB=240,239,244　CMYK=7,7,3,0
- RGB=165,177,163　CMYK=41,25,36,0

1. 该产品的文字采用垂直式构图展示，呈现出整体有序的画面。
2. 采用大小不一的文字来丰富画面的层次，夸大的文字起到突出的作用，小巧清晰的文字则更加巧妙，富有极强的说服力。

（4）文字设计的小妙招——文字色彩的摩擦

关键词：清丽

关键词：雅致

包装产品左侧的绿色边条与倾斜的图形结合构成协调美观的画面，也使得画面较为可爱、儒雅。

产品大面积留白设计，可以展示出画面的纯净感，而橘色的点缀也使得画面景象瞬间点亮。

（5）优秀作品赏析

3.2 包装设计的图形

包装的图形设计可以划分为：抽象图形、具象图形、半具象图形三种形式，而且均与产品内容有着相关联系，能够表达出产品的特性和阐明产品的内容，又能够带来非凡的视觉效果。产品的图形也包括产品包装本身所带来的创新形象，这种创新形象不单单能够让消费者直接了解产品内容，还可以加强巩固产品的品牌形象，使得产品能够得到广大群众的认识，起到很好的宣传作用。

3.2.1 产品包装中图形的分析与特性

产品包装的特性设计主要的目的是强化产品的品牌形象，真实地传达出产品的质地美和色泽美，容易从视觉形象上激发消费者的兴趣和购买欲望。而且图形的设计也能够调动人心底的情趣，给人带来优美清新的感觉。

（1）手把手教你——图形分析与特性设计方法

形态与图形：时代的不断发展，产品包装的传统、单一设计已无法带动人们的消费心理，只有不断创新才会带动产品包装的发展，在形态与图形上着手是最直接有效的方法，拥有赏心悦目的视觉感受，也会使得消费者有一个愉悦的购物心情。

（2）图形分析与特性设计方案——图形与色泽对比

绿色	粉色

该产品以瓶身的画面和绿色的瓶盖构成产品最为醒目的部分，可以带动人们的视线，又可以加深人们对产品的兴趣。	产品对称式构图，以中心处为起点向两处散发，而产品的色泽也以粉色为主，使得产品拥有靓丽的视觉效果。

（3）包装中的图形分析与特性

设计说明　本产品包装分为两个整体结合设计。

色彩说明　产品色彩艳丽却都以绿色最为突出，不仅因为占有面积大，主要是因为色彩对比强烈所形成。

　RGB=238,235,227 CMYK=8,8,12,0

　RGB=56,21,137 CMYK=65,0,62,0

　RGB=255,58,58 CMYK=0,88,71,0

　RGB=27,23,24 CMYK=84,82,79,67

1.包装盒身整体画面采用丰富多彩的鲜花组合而成，使得画面更加丰满艳丽。

2.包装盖与包装盒身分开设计可以带来更好的便捷性作用。

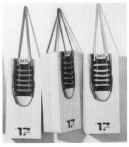 

设计说明 玻璃瓶体的包装设计，展现出清爽怡人的景象。

色彩说明 产品采用湖蓝色与金黄色结合展示玻璃包装，为产品塑造出时尚尊贵的气质。

■ RGB=232,211,154 CMYK=13,19,45,0
■ RGB=200,199,169 CMYK=27,19,36,0
■ RGB=1,183,194 CMYK=73,7,30,0
■ RGB=151,102,44 CMYK=48,64,96,7

1.金黄色与蓝色的渐变为产品塑造出朦胧的梦幻感。
2.瓶体的凹凸设计，在形式美的基础上增加了产品包装的质感。

（4）图形分析与特性设计小妙招——包装画面的丰富表情

关键词：热情

该产品最吸引消费者的地方是包装画面所展现的丰富表情，既丰富了包装画面，又为产品带来了趣味情感表达。

关键词：明亮

明亮的黄色包装上增添夸张风趣的表情，将产品透过透明窗口展现出来，使得产品整体构成完美的融合。

（5）优秀作品赏析

3.2.2　产品包装中图形的表现手法

　　包装设计中图形的表现手法可分为：简洁干练、明了准确、独特新颖三种。一方面可以传达信息，带动产品的"交流"性；另一方面又可以新的概念创造出产品所带来的新鲜感。

（1）手把手教你——图形表现的设计方法

形象表达：下列产品分别以画面形象和形态形象两种形式表达，前者画面的表达可以丰富视觉感受；后者形态的创新则是一种大胆新颖的尝试，能够扩大产品销售量。

（2）图形表现的设计方案——色彩对比

褐色	红色

产品是以大量的白色为产品的主色基调，再用两条褐色分别以横向和纵向包裹产品，以此来加强产品的形象表达。	瓶盖与纵、横两条红色交错展示，可以加强产品的视觉表达，又增强了产品的美观性。

（3）产品包装中的图形表现

设计说明 圆柱形的包装盒树立着一种威严的立体感。

色彩说明 大量留白的包装画面使得包装整体更为纯净雅致。

- RGB=218,222,221 CMYK=17,11,12,0
- RGB=240,208,95 CMYK=11,21,69,0
- RGB=54,39,31 CMYK=72,77,83,56
- RGB=2,3,5 CMYK=93,88,86,78

1. 黄色与橘色绘制而成的画面显得更加儒雅、文艺。
2. 包装下部采用橘色圆环来加强画面形象的美感。
3. 包装盖与平底均采用金属材质设计，能够为产品起到良好的保护作用。

设计说明 包装上的图案个性鲜明，插画内容围绕着产品，让包装充满了故事性。厚重的描边起到突出、强化的作用。

色彩说明 画面整体为暖色调，使用了土黄、淡黄、明黄等暖色调。

- RGB = 53,156,47 CMYK=76,20,100,0
- RGB = 243,233,112 CMYK = 11,7,65,0
- RGB = 223,132,0 CMYK = 16,58,98,0
- RGB = 18,13,9 CMYK = 85,83,87,74
- RGB = 221,41,52 CMYK = 15,95,78,0

1. 画面中少量的绿色作为点缀色，象征着自然、健康的作用。
2. 黄褐色取自产品的颜色，起到紧扣主题的作用。

（4）产品包装中图形表现设计小妙招——包装形态

关键词：艳丽

五彩缤纷的画面景象，将画面的空间塑造得温馨、饱满，也令产品的形象格外显眼突出。

关键词：绚丽

长方形的包装盒立体形象较为醒目，而绚丽的包装画面也为产品吸引了大量的消费者，使得产品被更多的人群所认知。

（5）优秀作品赏析

Packaging
Design

4

包装设计的材料

该章节主要讲解包装设计的材料，包括：纸质包装、塑料包装、金属包装、玻璃包装、陶瓷包装、木质包装、纺织品包装和复合包装等。

● 包装设计具有功能性、审美性、多样性的特点。
● 包装的材料、造型等多元素的应用能够体现强烈的时代感。
● 包装材料使包装富有生命力和情感因素。

Packaging Design

包装设计基础教程

4.1 纸质包装材料

纸质材料在包装中属于常见的包装材料，应用较为广泛，发展也较快，而且纸质包装成本低、易于加工，是一种很好的环保材料。纸质包装又可分为：牛皮纸，本身的色泽给人一种朴实憨厚感，多用于包装袋设计；玻璃纸，是一种天然纤维原料，它无毒、无味，具有防潮性能，对商品起到良好的保护作用；铝箔纸，能够增加商品的富丽感，又可防止紫外线辐射，多用于糖果的内包装。

4.1.1 手把手教你——纸质包装设计方法

纸质包装的两种形式：纸杯、纸袋。

形式1：纸质包装的加法形式。从简约的画面到精美的图案。

形式2： 包装纸袋多以立体形式呈现，而且大多数都会将纸袋上半部以三角形式展现，既可以方便消费者开封，又方便携带，还具有美观性。

4.1.2　纸质包装设计方案

1.本作品应用的是纸质包装设计。作品是便于生产的包装盒设计，易于储存、陈列销售、运输，最重要的是对产品具有保护作用。	

2.这是巧克力的包装，包装盒的外观以清新为主，内包装与外包装采用与产品有相关性的图形进行装饰，能够给消费者带来新颖感和美感的视觉体验，又可以刺激消费者的购买欲望。

最终效果		
		RGB= 249,246,234 CMYK=4,4,11,0
		RGB=241,222,142 CMYK=10,14,52,0
		RGB=161,121,50 CMYK=45,56,92,2
		RGB=108,106,55 CMYK=64,55,91,12
		RGB=76,60,28 CMYK=67,70,99,42

色彩设计	材料设计
	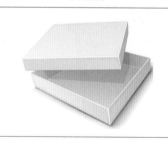
产品的包装设计灵感来自巧克力和树叶元素。巧克力能够表明产品的真实性，树叶则能暗示出产品安全、自然的内涵。	纸盒是一种物美价廉的设计包装，容易造型，又是可回收利用的环保材质，重量轻还具有抗压性。

4.1.3 纸质产品包装设计

设计
说明 本作品是一次性纸杯，它的材质成本较低，不易碎，而且具有环保性能。

色彩
说明 大面积的米白色与蓝色将画面分为上下两个部分，再加以褐色的调和使整体较为和谐统一。

■ RGB=233,224,212 CMYK=11,13,17,0
■ RGB=79,132,136 CMYK=73,41,46,0
■ RGB=84,50,42 CMYK=63,79,80,43

1. 文字的标明使得消费者更明确产品的内涵。
2. 一些灵动风趣的插画，可以更加有效地吸引消费者眼球。
3. 整体的搭配设计给人创造出一种艺术气息。

本作品是对茶叶创作的包装设计，浮现出一种简洁大气之感。

色彩
说明 大面积的灰色为主题给人营造出一种柔和的韵味，正如茶品给人带来的安逸、静谧感。

■ RGB=252,130,31 CMYK=0,62,87,0
■ RGB=121,121,121 CMYK=61,52,49,1
■ RGB=43,43,43 CMYK=81,76,74,52

1. 画面整体采用"线"构成，它所呈现的精细美感使画面变得更有节奏。
2. 设计师将所有元素集中表现，这种中心式构图方式使得画面更具穿透性，亦易于消费者观察。

4.1.4 纸质包装设计小妙招——纸质包装与环保

纸质包装原料广泛，具有无毒、无害的优点，同时纸质包装可以回收重复再利用，所以更加绿色、环保。

4.1.5 优秀作品赏析

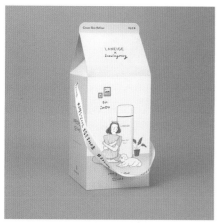 

 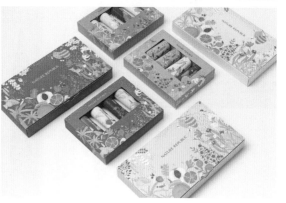

4.2　塑料包装材料

　　塑料材质包装行业发展很快，由于塑料在一定的温度和压力下具有可创造的延展性，因此塑料材质的包装在不断地推陈出新。

　　塑料材质密度小，具有良好的透明性、耐酸性和强度，因此该包装材质多出现在食品类包装中。

4.2.1　手把手教你——塑料包装设计方法

　　纸质包装的两种形式：透明和不透明。

　　形式1：透明的塑料包装能够给消费者带来信任感，可以让消费者更直接地观看商品，对其有一个详细的了解。

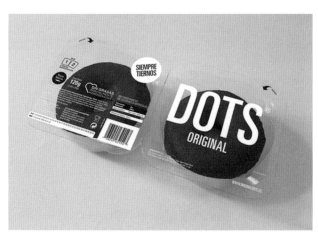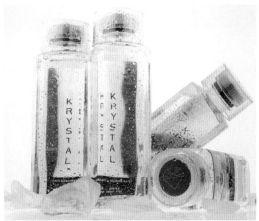

　　形式2：不透明的包装也有它一定的好处，设计师可以在包装上加以创意发挥，使得画面更有看点、更加丰富，从视觉感官上吸引消费者。

4.2.2　塑料包装设计方案

1. 本作品所展示的塑料材质包装是一种常见的包装形式，被广泛地应用于各个行业。如本作品的食品行业，可抽真空来防止产品受潮，而且成本低廉，既能保护产品又能美化产品，是一种鲜亮、华丽的包装设计。

2. 本产品的主题是开胃食品包装设计。左右式构图，左侧以三角形和圆形纵向排列展示，右侧则是将文字以横竖两种方式展示，给人们塑造出清晰的视野。

最终效果		RGB=249,249,249 CMYK=3,2,2,0
		RGB=226,115,7 CMYK=14,67,98,0
		RGB=255,73,9 CMYK=0,84,92,0
		RGB=117,136,44 CMYK=63,41,100,1
		RGB=91,94,75 CMYK=70,59,72,16

色彩设计	材料设计
本作品的灵感来自产品本身材料的元素，以土豆来衬托产品的美味，以青椒来扣住产品的主题，以统一的形式来展出产品包装设计。	图形中的包装材质与产品包装材质如出一辙，都选中了包装材质的轻便性和能抽取真空的性能，能够对产品起到良好的保护作用。

4.2.3 塑料产品包装设计

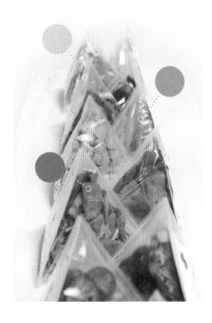

设计
说明
本作品属于食品类包装设计，设计师采用锥形的设计手法可以加强商品摆放时的安全性和稳固性。

色彩
说明
该包装产品以食物本身颜色来表象，能够给人一种天然纯净的感觉。

- ■ RGB=211,204,176 CMYK=22,19,33,0
- ■ RGB=245,136,54 CMYK=3,59,80,0
- ■ RGB=95,131,67 CMYK=70,41,90,2

1. 包装材质选用透明形式展现，这样可以激发出消费者的信任度。
2. 每种色彩以穿插形式摆放，可使摆放效果靓丽多彩。

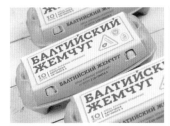 

设计
说明
这是一个水果麦片的包装设计，圆形的透明小窗口设计能够看清商品，让消费者放心购买。

色彩
说明
包装以红色为主色调，以绿色为点缀色，这种互补色的配色方式，让整个包装色调鲜明，可以在同质化的商品中更加吸引人的注意。

- ■ RGB=211,37,36 CMYK=20,95,95,0
- ■ RGB=47,134,66 CMYK=80,35,95,0
- ■ RGB=196,224,147 CMYK=30,1,51,0
- ■ RGB=216,112,136 CMYK=2,70,29,0

1. 整体采用红色调，与其口味相呼应。
2. 包装所采用的红色饱和度偏低，给人热情、温暖但不张扬的感觉，很有亲和力。

4.2.4 塑料包装设计小妙招——创意造型

关键词：威严

关键词：神秘

关键词：凶悍

　　红色、黄色、灰色和黑色的相互搭配会给人一种热烈、温馨的画面感，但该作品的表情给人一种威严感，塑造出一种意想不到的效果。

　　"黑白灰"的经典融合既简练又有深刻的内涵，将香蕉以人物形象来塑造，映照出一种神秘的感觉。

　　该作品抽象的表情将香蕉甜品加以戏剧性表达，让人感觉既"凶悍"又有趣，很容易吸引消费者眼球。

4.2.5 优秀作品赏析

4.3　金属包装材料

　　金属包装材料是包装中重要的材料，因其具有强度高、保护性能好、加工性能好、不透光等优点，所以发展也较快，多出现在罐类制作中。但金属包装也有一定的缺点：价格高、分量较重。

　　金属包装可分为：钢，生产成本较为低些，又有一定的耐腐蚀性；铝，重量轻、无毒无味又具有一定的光泽；箔，外观美观，具有柔软易造型的特点。

4.3.1　手把手教你——金属包装设计方法

　　下面来向大家介绍一下金属包装的形成。

　　形式1： 易拉罐金属的形成（整体形式的设计）。

　　形式2： 小巧的金属包装不仅表现得端庄典雅，又能展现得小巧、精美，还具有实用性。

4.3.2　金属包装设计方案

1.金属材质的包装具有一定的耐磨性和耐腐蚀性，而本产品的包装设计除了瓶盖以外均采用金属材质，因为金属材质无毒、强度高、延展性好，使得包装形态较为创新，也可以对产品起到很好的保护作用。

2.本产品的主题是辣椒酱包装设计。该产品包装设计分为四个部分：瓶口、瓶顶、瓶身、瓶底。瓶身采用一片金属单独组成，而瓶顶与瓶底分别采用金属将瓶身边缘缝隙包裹起来，使得整体光滑没有缝隙；瓶口采用实木的瓶盖装饰，能够很好地保护产品的质量。

最终效果		
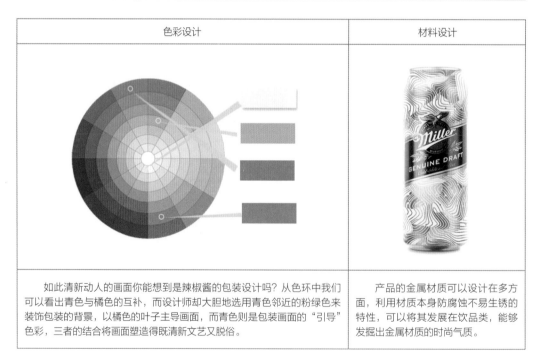		RGB=239,238,239 CMYK=8,7,5,0
		RGB=152,223,167 CMYK=45,0,46,0
		RGB=47,142,155 CMYK=78,34,39,0
		RGB=220,148,69 CMYK=18,50,76,0
		RGB=166,176,168 CMYK=41,26,33,0

色彩设计	材料设计
如此清新动人的画面你能想到是辣椒酱的包装设计吗？从色环中我们可以看出青色与橘色的互补，而设计师却大胆地选用青色邻近的粉绿色来装饰包装的背景，以橘色的叶子主导画面，而青色则是包装画面的"引导"色彩，三者的结合将画面塑造得既清新文艺又脱俗。	产品的金属材质可以设计在多方面，利用材质本身防腐蚀不易生锈的特性，可以将其发展在饮品类，能够发掘出金属材质的时尚气质。

4.3.3 金属产品包装设计

设计
说明 本作品将金属材质打造成柱形包装盒，防潮效果较好，还能对商品起到良好的保护。

色彩
说明 图片中选用三种颜色展示同种商品的系列形式，色彩的浓度给消费者带来安稳、厚重的感受。

■ RGB=162,59,11 CMYK=43,87,100,9
■ RGB=171,51,47 CMYK=40,93,89,5
■ RGB=117,36,50 CMYK=53,95,76,29
■ RGB=110,106,99 CMYK=64,58,59,6

1. 柱形包装盒可以成排列形式摆放，给顾客带来良好的视觉，又可叠加摆放加强商品的美观性。
2. 包装内部和瓶盖边缘采用材质本身的裸色，瓶身和瓶顶则用色彩进行装扮，为包装成功地添加了一笔靓丽的色彩。
3. 印在瓶身的文字标志既不易脱落又能作为很好的解释说明。

设计
说明 本作品是椭圆形的金属包装盒，瓶盖采用圆弧形设计，这样的设计可以容纳更多的商品。

色彩
说明 每种色彩都承载着不同的味道，条理清晰地将商品展现给消费者。

■ RGB=253,221,61 CMYK=6,16,79,0
■ RGB=207,73,158 CMYK=25,82,1,0
■ RGB=3,183,187 CMYK=73,7,34,0
■ RGB=175,173,160 CMYK=37,30,36,0

1. 该商品采用中心式构图，将文字元素集中在中心颜色的位置，在颜色的衬托下可以更好地突出内容。
2. 商品底部采用圆形设计可以防止划伤消费者。

4.3.4   金属包装设计小妙招——色彩的变化

关键词：尊贵

关键词：清爽

关键词：典雅

　　金色、蓝墨色和黑色的结合将商品打造得尊贵而高尚，亦提升了商品层次。

　　黑色的瓶身装扮上不同明度的蓝色使商品有了过渡性的变化，不会显得单一无趣。

　　瓶口与瓶底采用金色点缀，瓶身则采用粉色点缀，亮丽的点缀色融合黑色的瓶身无处不散发着典雅的韵味。

4.3.5   优秀作品赏析

4.4 玻璃包装材料

玻璃包装材料应用较为广泛，如：饮品、化妆品、化学药品等。玻璃材质具有良好的阻隔性，能够阻止外部氧气的侵袭，还可以回收进行循环利用，降低成本。玻璃包装材料容易装点颜色和改变透明度，不仅如此，玻璃材质的耐腐蚀性能可以对商品起到良好的保护，用起来也比较安全卫生。

4.4.1 手把手教你——玻璃包装设计方法

玻璃产品的包装设计多精美、艺术性好，能够给人带来视觉上的美感。
形式1： 精美的包装设计多呈现在瓶体表面的装饰。

形式2：艺术性的包装
设计多表现在抽象的画面以
及精湛的造型方面。

4.4.2 玻璃包装设计方案

1.玻璃材质具有良好的密度、稳定的化学性，而且价格低廉、外形美观又卫生，广泛地应用在食品、化妆品、药品等包装领域。该产品的包装以优美的外形和所带有的实用价值展现出产品包装所存在的内涵与特性。
2.本产品的主题是保健饮料包装设计。产品的形态以整体概括是一个圆柱体，体积虽小容量却很大，而且平稳的圆柱形瓶体也可以为产品带来安全的稳定性。

最终效果		
		RGB=235,226,217 CMYK=10,12,15,0
		RGB=147,132,125 CMYK=50,49,47,0
		RGB=184,127,83 CMYK=35,57,70,0
		RGB=199,4,56 CMYK=28,100,77,0
		RGB=22,3,5 CMYK=83,89,85,75

色彩设计	材料设计
产品是根据水果和香料研发出的饮料产品。而产品的构思与该元素有着分割不开的关系，密封装既能带来美观性，又可以起到保护产品的作用。	玻璃材质的瓶体设计，具有纤细美妙的身姿，又具有很好的密封性，该材质能够轻松地衬托出产品的气质。

4.4.3 玻璃产品包装设计

设计说明 本作品以花瓶的造型为基础进行造型设计，将包装设计得既美观又实用。

色彩说明 包装采用透明玻璃，将紫色的产品映照得更加清晰，可以让消费者对商品有最直接的了解。

- RGB=250,88,128 CMYK=0,79,29,0
- RGB=157,97,193 CMYK=51,69,0,0
- RGB=29,17,57 CMYK=96,100,61,42
- RGB=181,119,106 CMYK=36,61,55,0

1. 黄色的瓶盖与紫色的液体产品形成互补，在视觉上加强了饱和度，显得更加强烈。
2. 瓶体上的画面采用艺术性的手写字体和风趣的手指造型，将画面装扮得绚丽夺目。

设计说明 设计师运用玻璃新材质将商品造型打造得既柔美又精致。

色彩说明 粉色、黄色、绿色若隐若现的渐变感给人塑造出一种糖果的感觉。

- RGB=252,186,56 CMYK=4,35,81,0
- RGB=206,208,69 CMYK=28,13,81,0
- RGB=224,105,99 CMYK=14,72,54,0

1. 如皇冠的瓶盖既为商品带来美观性，又起到良好的保护作用。
2. 简易的文字作为标志性的点缀，塑造出简约性美感。

4.4.4　玻璃包装设计小妙招——透明玻璃的应用

　　玻璃最大的特点就是透明，通过玻璃可看到产品的颜色、质量、成分。在玻璃包装的外面还会贴上标签，这时产品本身和标签之间的颜色就会形成对比关系，最常用的配色就是标签采用与产品相同、相似的颜色，也就是采用类似色配色方案，这样能够透过玻璃包装让产品本身和标签形成互动关系，让产品更有卖点。

4.4.5　优秀作品赏析

4.5 陶瓷包装材料

陶瓷类的包装材料稳定性较好、密封性好、有光泽、环保，而且耐侵蚀；但陶瓷包装材料也有一定的缺点，脆性大、容易碎、不易回收利用。

陶瓷类的包装材料多用在酒类产品的瓶体形象展现。

4.5.1 手把手教你——陶瓷包装设计方法

陶瓷包装设计可分为陶瓷瓶和陶罐两种。

形式1：陶瓷瓶看似简单单一，却蕴含着丰富的文化内涵。

形式2：陶瓷罐矮小美观，却也有强大的储存作用。

4.5.2 陶瓷包装设计方案

1.该产品是陶瓷包装瓶设计，注重个性化和现代化，以多重特性兼顾来突出产品包装的艺术性，令产品更加漂亮吸引人。

2.该产品的包装画面将中、西文化结合创作展示，使得产品的文化内涵更加深刻，也大胆地表现出时代的前卫感。

最终效果		
		RGB= 236,236,236 CMYK=9,7,7,0
		RGB=147,80,73 CMYK=48,77,70,9
		RGB=115,59,56 CMYK=56,82,75,26
		RGB=41,41,41 CMYK=81,76,74,54
		RGB=216,216,214 CMYK=18,14,14,0

色彩设计	材料设计
图片毛笔数字展示出中国传统的文化内涵，与英文印章结合展示则丰富了包装的时尚感。	经典的黑色、红色、白色组合，将平凡的画面打造得风雅且时尚。

4.5.3　陶瓷产品包装设计

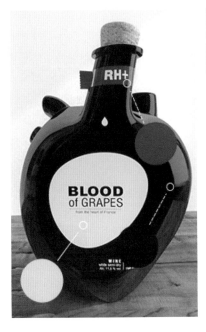

设计说明 设计师将商品的瓶身设计为圆形，瓶颈则采用圆柱形，这样的设计可以使得瓶体承载更多的液体。

色彩说明　白色、黑色、红色最经典的搭配为消费者塑造出舒适的视觉感。

- RGB=217,218220CMYK=18,13,11,0
- RGB=198,6,0 CMYK=29,100,100,1
- RGB=3,3,0 CMYK=92,87,88,79

1. 瓶颈红色的标志可以起到醒目的作用，黑色的瓶身中心的白色区域将商品品牌形象完美地凸显出来。
2. 在瓶身上设计几个造型特异的柱形，可以丰富商品的艺术性。
3. 瓶盖采用木塞封口，可以保护好商品的品质，又方便摘取。

设计说明　本作品采用圆柱形作为商品包装造型，摆放时可以减少占用空间。

色彩说明　该商品主要以黄色和粉色为主打色彩，颜色的高饱和可以使其在众多商品中脱颖而出。

- RGB=232,171,144 CMYK=11,41,41,0
- RGB=233,214,0 CMYK=17,15,91,0
- RGB=253,41,135 CMYK=0,90,14,0

1. 木塞瓶盖与瓶内液体接触时会膨胀，能够对内部产品起到良好的保护作用。
2. 商品的包装画面采用多元素拼搭组合，使得画面较为饱满。

4.5.4 陶瓷包装设计小妙招——圆形的瓷器瓶

关键词：特异　　　　　　　关键词：可爱　　　　　　　关键词：精美

　　弯弯的瓶颈是该包装设计的一大亮点，将坚硬的瓶体给人一种幻想的柔韧性，使得商品更加独特有趣。

　　纯白色的奶滴造型将商品的魅力完全焕发出来，圆形的瓶身使商品更具流动性。

　　圆形的瓶身打造出弯曲的手柄，既方便了消费者携带又散发着独有的魅力。

4.5.5 优秀作品赏析

4.6　木质包装材料

木质包装材料是一种优良的材料，资源分布较为广泛，便于取材，而且木质材料有良好的强度、承压性和不易被腐蚀。

木质包装材料能够对包装商品起到良好的保护作用，还是一种可回收利用的环保材料。

4.6.1　手把手教你——木质包装设计方法

形式1：巧妙的包装设计既能保护好商品不受损坏，又可以当装饰品来摆放。

形式2：方形的商品包装盒，不仅能够容纳较多商品，还可以再次利用装载其他物品。

4.6.2 木质包装设计方案

1.该产品的木质包装散发着古典的气息，它具有其他材料所不具备的稳重、成熟、典雅的韵味，能对产品起到很好的保护作用，而且又兼备良好的视觉效果。

2.该产品是茶叶主题包装设计，采用实木打造的木桶包装，经过仔细抛光打磨的表面手感光滑舒适。桶盖与桶身衔接处的开口采用纸筒以套式形式将其掩盖，可以加强产品包装的美观性。

最终效果		
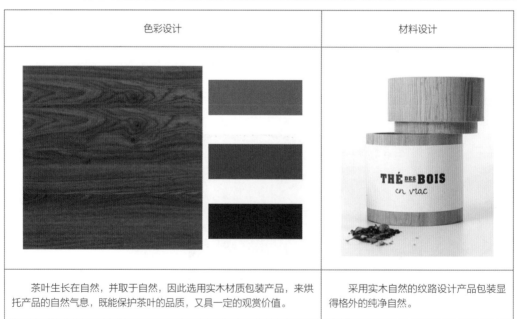		RGB=250,247,242 CMYK=3,4,6,0
		RGB=166,124,103 CMYK=43,56,59,0
		RGB=109,81,74 CMYK=62,69,68,18
		RGB=83,59,53 CMYK=66,74,74,37
		RGB=56,47,45 CMYK=75,75,74,49

色彩设计	材料设计
茶叶生长在自然，并取于自然，因此选用实木材质包装产品，来烘托产品的自然气息，既能保护茶叶的品质，又具一定的观赏价值。	采用实木自然的纹路设计产品包装显得格外的纯净自然。

4.6.3　木质产品包装设计

设计说明 作品运用实木设计成商品包装箱，可以将商品安全地装置在内部。

色彩说明 赭石色的基调给人一种怀旧的历史感。

　■ RGB=210,209,204 CMYK=21,16,19,0
　■ RGB=128,105,77 CMYK=57,60,73,8
　■ RGB=173,6759 CMYK=39,86,80

1.包装盒上下部分都设有凹槽，这样的设计能够将内部的空间表达得更加宽旷，更不会挤坏内部的商品。

2.包装盒的实木设计不仅环保还可以回收利用，而且包装箱可以上锁，能更好地保护商品。

设计说明 商品包装采用实木设计的方形包装盒，包装盒将盒盖与盒身分为两个部分，可以更加方便地取拿。

色彩说明 包装盒采用原木色，没有进行其他色彩的装饰，给人更加自然清新的享受。

　■ RGB=210,211,194 CMYK=22,15,25,0
　■ RGB=211,189,165 CMYK=21,28,35,0
　■ RGB=64,53,57 CMYK=75,76,68,40

1.包装盒内部采用黑白两种装扮手法，可以使商品看起来更加简约。

2.长方形的包装盒可以装置一束花，又可以将多种商品结合装设，使其变得更加多样化。

4.6.4 木质包装设计小妙招——多形式的包装设计

关键词：精美

圆形的包装设计呈现得更加精美，而且它大小不一的包装设计可以叠加摆放，使商品呈现出另一种内涵美。

关键词：创新

方形的包装盒采用内部抽拉形式，是包装设计的一种独特的创新思维。

4.6.5 优秀作品赏析

4.7　纺织品包装材料

纺织品的包装设计是一种精美别致的消费理念，不仅能够给人以美的享受，还能直接刺激消费者的购买欲望，进而达到促进销售的目的，亦为品牌形象起到良好的宣传作用。

纺织品包装寿命长、耐磨，还具有价格低廉的特点。纺织品包装技术的不断提高使其包装设计成为较大的卖点。

4.7.1　手把手教你——纺织品包装设计方法

纺织品的包装设计可分为"适用性"的包装设计和"简约性"的包装设计。

 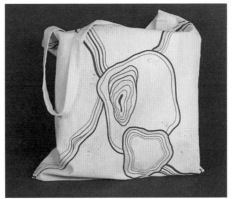

形式1： 适用性的包装设计是一种对物品适用性的选择，美观又实用。

形式2： 简约性的包装设计不会出现过多烦琐的装饰，会呈现出简练精致的感觉。

4.7.2　纺织品包装设计方案

1.产品展示的是纺织品包装袋，选用麻质材料展示包装朴实、素雅的效果，可以起到更好的防潮、抗菌作用。

2.该产品是种子包装设计，材质具有良好的印刷性，根据产品的主题将包装表面印上能够表现产品性质的图形来丰富画面，而包装袋上大量文字的特写也是对产品进行的最直接的阐述，更加明确地展现出了产品的内涵。

最终效果		
		RGB=237,240,244 CMYK=9,5,3,0
		RGB=241,207,205 CMYK=19,18,17,0
		RGB=242,106,86 CMYK=4,72,61,0

色彩设计	材料设计

种子发芽是一种春机盎然的景象，因此设计师就想到以蝴蝶、树叶装饰包装画面，而图形的色泽则是包装色彩的主要构成，为包装产品创造出亮丽的画面。	纺织材料给人以温暖厚重的感觉，在包装设计中展现出沉着、淡雅的韵味。

4.7.3　纺织品产品包装设计

本作品用布袋作为商品包装，虽将商品包裹得较为严实，却用形式美将商品展现得更加美妙。

色彩 说明　白色布袋上装饰出红色圆点，使包装设计显得更加时尚。

　RGB=236,235,231 CMYK=9,7,10,0
■ RGB=210,18,64 CMYK=22,99,70,0
■ RGB=68,58,56 CMYK=73,73,71,39

1. 设计师运用黑色花纹吸引消费者，再直接运用醒目的方式将商品更为详细地阐释给消费者。

2. 运用红色布条将包装系紧，既增添了包装的美感，又能保证商品的清洁。

设计 说明　商品以纺织材质品作为包装材质，拿起来轻便又方便摆放。

色彩 说明　白色布艺装点蓝色花纹，将商品展现得清新、淡雅。

■ RGB=176,153,130 CMYK=37,41,48,0
■ RGB=117,63,36 CMYK=54,79,95,28
■ RGB=36,48,73 CMYK=91,85,57,31

1. 商品包装口采用绳系封口，可以将商品封得更紧实。

2. 商品包装上的文字和图案一样都采用印刷的方法，令商品在简约的设计中丰富内涵。

4.7.4　纺织品包装设计小妙招——环保袋在包装中的应用

　　塑料袋、纸袋是非常容易破损的，消耗量大会对资源造成浪费，对环境造成污染，所以越来越多的人会采用环保袋。环保袋可以反复使用，可选的材质也很多，如棉麻、无纺布等。将企业的标志、标准图案印刷在环保袋上，作为包装使用，这样既环保，又有宣传品牌的作用。

4.7.5　优秀作品赏析

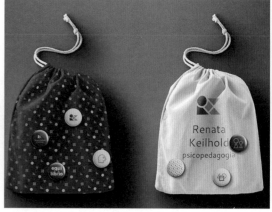

4.8 复合包装材料

复合材料的包装材质是一种混合材质，复合材料可分为结构复合材料和功能复合材料。结构复合材料是根据在使用中受力的要求进行选择设计的；功能复合材料不仅起到对整体的成形作用，而且能够起到加强的功能性作用。

4.8.1 手把手教你——复合包装设计方法

复合材料的包装特性可分为：保护性和操作性。

特性1：保护性，包装材料的防水性、防潮性、耐湿性对商品的质量起到良好的保护作用。

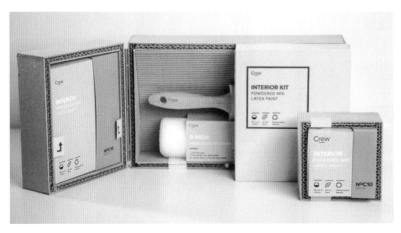

特性2：操作性，耐隔离性好，又呈现了良好的包装性能。

4.8.2 复合包装设计方案

1.该产品是复合材料包装设计，在复合材料包装上又加上一层牛皮纸套，加强产品包装的安全性和美观性。

2.包装外部所套装的牛皮纸呈现出材质本身的质朴感。产品包装画面采用左右式构图，将文字与图形分别展示，使得画面感更加清晰醒目。

最终效果		
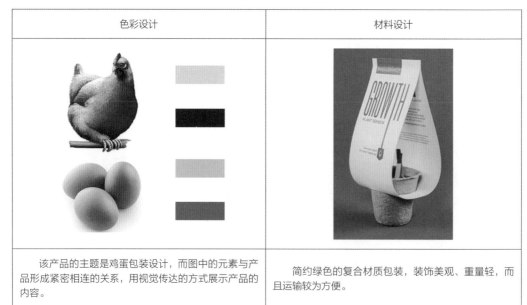		RGB=233,232,227 CMYK=11,8,11,0
		RGB=221,186,160 CMYK=17,31,37,0
		RGB=143,96,74 CMYK=50,67,73,8
		RGB=107,68,52 CMYK=58,74,80,28
		RGB=255,232,152 CMYK=4,12,48,0

色彩设计	材料设计
该产品的主题是鸡蛋包装设计，而图中的元素与产品形成紧密相连的关系，用视觉传达的方式展示产品的内容。	简约绿色的复合材质包装，装饰美观、重量轻，而且运输较为方便。

4.8.3　复合材质产品包装设计

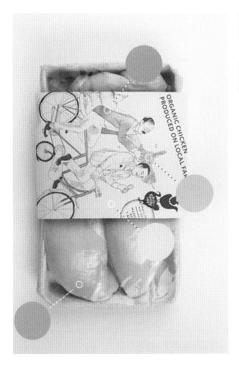

设计说明　本商品是将复合材质和塑料薄膜结合包装，一来可以更好地承载和保护商品，二来可以对消费者更直观地表达商品信任度。

色彩说明　整体采用灰白调装饰，再稍稍用一点蓝色和黄色点缀画面，来渲染画面的整体情感。

■ RGB=226,224,214 CMYK=14,11,17,0
■ RGB=182,151,151 CMYK=35,44,35,0
■ RGB=219,210,134 CMYK=20,16,55,0
■ RGB=60,192 CMYK=62,30,19,0

1.白色为主色基调也在无形中暗示商品的天然纯净质感。
2.商品透过塑料薄膜以视觉形式透露出本身的美味感。

设计说明　作品以矮小的圆柱形小盒为主，小巧的盒子呈现得更加精致可爱。

色彩说明　包装颜色以绿色、黄色为主，红色、蓝色为辅，主色来铺设、辅助色来映衬使商品展现得更多姿多彩。

■ RGB=253,233,114 CMYK=6,9,63,0
■ RGB=243,85,43 CMYK=3,80,83,0
■ RGB=191,226,49 CMYK=35,0,86,0
■ RGB=60,48,93 CMYK=87,92,46,14

1.瓶盖以薄薄的塑料带封盖，既能保护商品又能增加商品的容量。
2.瓶身上的艺术字体将商品塑造得更加富有艺术性。

4.8.4 复合材质包装设计小妙招——包装的多变性

关键词：小巧

　　本作品是用复合材料设计的种植包装盒，小巧的形式使其显得更为巧妙。

关键词：实用

　　将锥形的部位扎入土里，突出展现了商品的实用性，也呈现了材质的环保无污染性质。

4.8.5　优秀作品赏析

Packaging
Design

5

包装设计的编排法则

包装设计的编排法则是产品包装的外形要素，也是一种形式美的展现，而包装的法则可分为：对称法则、对比法则、稳定法则、韵律法则、重复法则、比例法则、比拟法则和统一法则。

● 不同形态的新颖的切割，对引导消费者的视线起着重要作用。

● 奇特的视觉构成也能够给消费者留下深刻的印象。

5.1 对称法则

产品包装中的对称法则是一种可见的对称形式，有了对称才能体会到平衡感，在视觉上又具有均衡、自然、完美的朴素感，可以增强包装版面的生动性。对称法则在产品包装中体现的是左右等量形式所呈现的稳重感觉。

5.1.1 手把手教你——对称法则包装设计方法

形式1： 下面阐述的是同一款产品的设计，以对称的版式将包装画面展现得淋漓尽致。

形式2： 下列产品虽都是以对称手法装饰画面，但展现的形式却不同，一种是粘贴画面，另一种是印花画面。

5.1.2 对称法则包装设计方案

1.本作品使用对称式构图展示产品包装画面。虽然对称式构图有些呆板，缺少变化，但它却具有呼应画面、平衡稳定的视觉效果。

2.根据产品的包装画面可以看出该产品包装以红色为主色调，根据色环所提取的红色再观察产品包装可以看出，色彩的不同明度给包装带来的画面能够加深包装的层次感；包装中心处的灰色商标的点缀与红色形成鲜明的对比，使得包装富有强烈的冲击感。

最终效果		
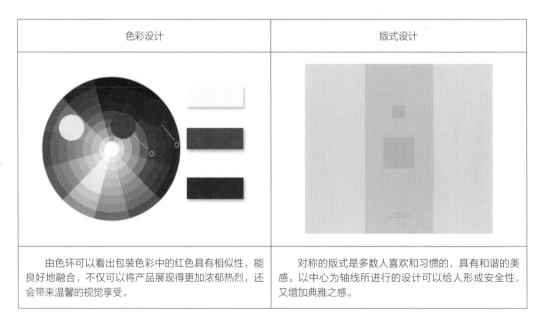		RGB= 241,237,236 CMYK=7,8,7,0
		RGB=153,162,163 CMYK=46,33,33,0
		RGB=213,15,6 CMYK=21,99,100,0
		RGB=102,1,2 CMYK=54,100,100,42
		RGB=9,26,28 CMYK=92,80,78,65

色彩设计	版式设计
由色环可以看出包装色彩中的红色具有相似性，能良好地融合，不仅可以将产品展现得更加浓郁而热烈，还会带来温馨的视觉享受。	对称的版式是多数人喜欢和习惯的，具有和谐的美感。以中心为轴线所进行的设计可以给人形成安全性，又增加典雅之感。

5.1.3　对称法则产品包装设计

设计说明：这是一个花茶包装设计，包装上的花纹部分为对称关系，给人严谨、稳重、充满现代感的风貌。

色彩说明：整个画面采用高级的灰绿色调，给人温柔、安静的感觉。

- ■ RGB=131,149,138 CMYK=55,35,50,0
- ■ RGB=39,65,29 CMYK=85,60,95,37
- ■ RGB=194,201,48 CMYK=33,14,88,0
- ■ RGB=85,55,67 CMYK=67,88,65,37

1. 图案部分，大量使用了绿色、黄绿色的渐变色，让整个画面颜色变得更加多元，减少了灰色调呆板的视觉效果。
2. 白色的加入，增加画面色彩的视觉层次，能够起到突出主题的作用。

设计说明：本作品是一则精美的瓶体包装设计，靓丽的造型能够使得产品更加突出耀眼。

色彩说明：设计师采用黑色为瓶体包装主色调，用银灰色来丰富画面的视觉感，使得画面更具感染力。

- ■ RGB=197,197,197 CMYK=26,20,20,0
- ■ RGB=5,5,5 CMYK=91,86,87,78

1. 设计师将瓶盖进行精细的刻花，不仅增加了观赏的视觉美感，又能对产品起到很好的保护作用。
2. 产品的包装画面主要是采用文字来表现，令产品直接表达性更为强烈。

5.1.4　对称法则包装设计小妙招——不同材质中的均衡感

关键词：美观

关键词：质朴

本作品的包装选用玻璃材质与纸质材质相结合，既可以美化产品的形象，又能促进产品的发展，也增强了产品的均衡性。

本作品的包装采用纸质材质和塑料材质相结合，纸质既有环保性能又有舒适的质感，而塑料材质的透明性则可以使购买者观赏到内部产品，从而对产品取得一定的信任。

5.1.5　优秀作品赏析

5.2 对比法则

对比法则在产品包装中多指色彩的对比,而人的视觉感受多由色彩的对比与差异形成。从本质上来分,色彩的对比可分为:纯度对比、明度对比和色相对比;从心理来分,色彩的对比可分为:冷暖对比、轻重对比、大小对比和远近对比等。色彩的巧妙运用可以使得包装画面更加和谐。

5.2.1 手把手教你——对比法则包装设计方法

形式1: 不同材质的色彩对比,不能单一地使用高明度展现,要有不同明度的高低对比才会更具美观性,才不会显得产品给人的视觉感受过于飘忽不定。

形式2: 色彩与画面结合对比,色彩的明度低则会使得画面更加沉稳;明度高则会使得画面更加明亮悦目。

5.2.2 对比法则包装设计方案

1.对比形式的包装设计较为淡雅、安逸，却又给人带来强烈的视觉效果。本产品的包装画面采用色彩对比形式展开设计，个性的包装加上强烈的色彩视觉，为产品起到有效的视觉刺激作用。

2.根据产品包装我们可以体会出，该包装的色彩设计是根据苹果本身的色泽感所提取的，红色与白色的比例划分将色彩彰显得更加突出醒目，可以为包装带来很好的视觉效果。

最终效果		
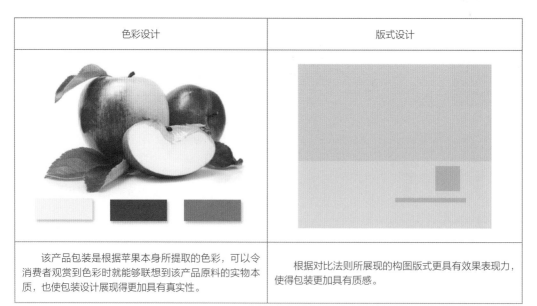		RGB= 252,250,250 CMYK=1,2,2,0
		RGB=190,196,196 CMYK=30,20,21,0
		RGB=186,36,41 CMYK=34,98,94,1
		RGB=139,0,22 CMYK=48,100,100,21
		RGB=70,137,16 CMYK=76,35,100,1

色彩设计	版式设计
该产品包装是根据苹果本身所提取的色彩，可以令消费者观赏到色彩时就能够联想到该产品原料的实物本质，也使包装设计展现得更加具有真实性。	根据对比法则所展现的构图版式更具有效果表现力，使得包装更加具有质感。

5.2.3 对比法则产品包装设计

设计说明 本作品展现的是产品的内包装和外包装,不同形态的展现能够给人带来不一样的视觉感受。

色彩说明 金黄色的包装令产品变得更加璀璨耀眼,也能提高产品的价值层次。

- RGB=150,80,30 CMYK=46,76,100,11
- RGB=253,228,1 CMYK=8,11,87,0
- RGB=150,80,30 CMYK=46,76,100,11

1.内包装的圆柱形态能够承载更多产品,又具有很好的稳固性。
2.外包装采用六棱柱形态,既能容纳产品又可以为产品带来美观实用性。

设计说明 本作品是食品包装设计,选用无污染纸质材料包装可以避免产品出现变质问题。

色彩说明 图中展现的是蓝色与黄色的互补和红色与蓝色的对比,这可以增加色彩的明显性。

- RGB=250,206,0 CMYK=7,23,89,0
- RGB=144,200,246 CMYK=46,13,0,0
- RGB=0,82,201 CMYK=90,68,0,0
- RGB=207,26,12 CMYK=24,98,100,0

1.方盒形态的设计不仅摆放便捷,而且将不同色彩交错摆放更加具有赏心悦目的效果。
2.包装画面将产品的形象以图形的方式展现给观赏者,可以起到吸引观赏者的作用。

5.2.4 对比法则包装设计小妙招——对比色在包装上的应用

关键词：鲜明

关键词：活泼

黄色与蓝色为对比色关系，小面积的蓝色起到画龙点睛的作用，对比十分鲜明。

包装以黄色为主色调，以红色为点缀色，红色与黄色为对比色关系，所以包装整体给人轻松、活泼的视觉感受。

5.2.5 优秀作品赏析

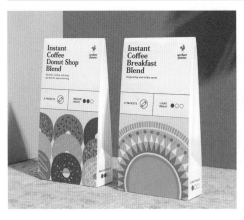

5.3　稳定法则

包装产品中的稳定法则主要是以重心为主，在产品形态外观包装上体现的量感中心，满足消费者视觉上的稳定性，给人们心理带来自然安静、平稳的感觉。

5.3.1　手把手教你——稳定法则包装设计方法

形式1： 下面的作品展现的稳定性是对产品进一步的固定，使得产品保持一定的安全性，又不缺失视觉美感的享受。

形式2： 产品以低饱和度的同类色搭配，更具稳定性。产品包装遵循左右对称，更稳重。产品以个体展现时，都会有相应平稳的底座与其相对应；整体展示时则是统一地采用实木的底座盒，避免了产品的不安全性。

5.3.2 稳定法则包装设计方案

1.该作品稳定法则展示的是产品包装所带来的安全、稳定性。产品包装的宣传画面采用分割式版式设计，它可以是多元素图形结合设计，也可以是一种图形分割成多部分结合展示。如下列作品一样，将画面均匀分割成五份，为画面勾勒出层次的立体感。

2.根据该产品的主题分别找出与产品相关的元素并加以组合设计，再经过设计师所采用的分割手法对画面进行进一步的刻画，使其画面表现得更加精彩。

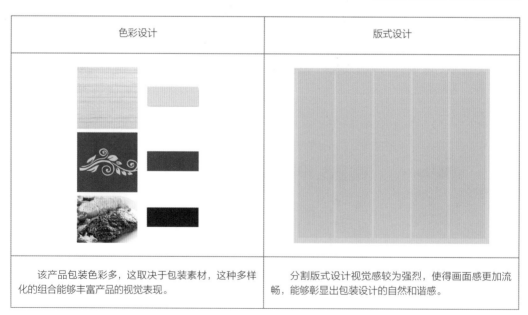

最终效果		
		RGB=239,219,176 CMYK=9,16,35,0
		RGB=22,68,40 CMYK=89,60,95,40
		RGB=180,49,68 CMYK=37,93,70,2
		RGB=187,790,47 CMYK=36,20,90,0
		RGB=88,88,90 CMYK=72,64,59,14

色彩设计	版式设计
该产品包装色彩多，这取决于包装素材，这种多样化的组合能够丰富产品的视觉表现。	分割版式设计视觉感较为强烈，使得画面感更加流畅，能够彰显出包装设计的自然和谐感。

5.3.3 稳定法则产品包装设计

设计
说明 本作品采用金属材质作为产品包装设计。

色彩
说明 黑灰色组合色彩给人呈现更多的神秘感。

　RGB=196,195,202 CMYK=27,18,39,0
■ RGB=0,0,0 CMYK=93,88,89,80

1. 包装盒内部有特制的区域划分，可以合理安全地放置产品，不会造成产品晃动。
2. 金属材质的包装盒能够对产品起到很好的保护作用，它不仅具有抗压性能，还有很好的阻隔性。

设计
说明 该产品的包装细细的圆颈、粗大的柱身，可以加强产品摆放时的稳固性。

色彩
说明 该产品所介绍的是同种产品分别以蓝色、紫色进行装点设计，而高饱和的色泽能够带来强烈的视觉冲击感。

■ RGB=195,111,10 CMYK=30,65,100,0
■ RGB=174,60,103 CMYK=41,88,44,0
■ RGB=33,128,157 CMYK=82,42,33,0
　RGB=198,178,169 CMYK=27,32,31,0

1. 金色的瓶颈与金色的液体成为产品背景的铺设，使画面色彩更加醒目。
2. 包裹的瓶盖与瓶身连为一体，不仅可以加强整体性，又能防止内部产品溢出。

5.3.4 稳定法则包装设计小妙招——量身定做的外包装

关键词：深沉

关键词：安稳

本作品采用"黑暗"的形式打造酒瓶包装，画面虽然选用有些惊悚的图形展现，却也是在警醒购买者少量饮酒。

本作品的外包装盒与内包装形态相同，形式与内部却不同，设计师选用与黑色同样神秘的紫色来做包装内部的海绵垫，海绵垫既可以固定产品，又能防止产品破裂。

5.3.5 优秀作品赏析

5.4　韵律法则

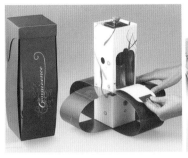

韵律法则在产品包装中所体现的是造型以及画面结合所形成的强弱、快慢、疏密、大小、虚实的表现，能够使包装设计更具有生机活力，又能加强包装的魅力和艺术性，使其不断突破传统的形式，创造新的形式概念。

5.4.1　手把手教你——韵律法则包装设计方法

形式1：下面的作品是同种材质不同色泽的变化，黑灰色给人简约干练的视觉享受，而真实自然的材质本身的色彩与黑色的结合则给人纯净质朴的自然韵味。

形式2：下列产品都采用纤维布作为产品包装，增强了顾客带走时的便利性，又加强了产品的美观实用性，而且这种材质不仅可以二次利用，还是一种非常环保的材质。

5.4.2 韵律法则包装设计方案

1.韵律法则的包装设计主要是"动""静"结合的节奏变化。如下列产品中所产生的线条流动性，以及元素的重复性节奏的变化，以相互依存的方式取得整体的统一。

2.该产品包装色彩以色环形式展示，色彩紧密相连，具有相互呼应的作用。弯曲的线条将版式分为不同色彩的两个部分，为整体配色起到平衡的作用，又增加了韵律美。

最终效果		
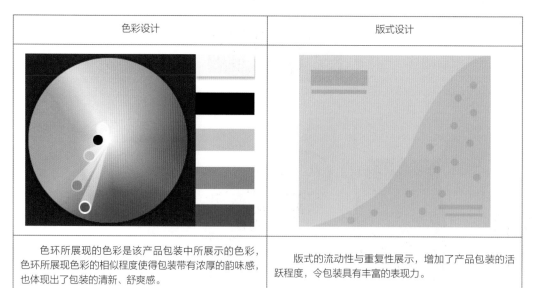		RGB=233,233,231 CMYK=11,8,9,0
		RGB=189,218,221 CMYK=31,8,15,0
		RGB=76,163,183 CMYK=69,24,28,0
		RGB=42,128,197 CMYK=79,45,6,0
		RGB=1,2,5 CMYK=93,88,86,78

色彩设计	版式设计
色环所展现的色彩是该产品包装中所展示的色彩，色环所展现色彩的相似程度使得包装带有浓厚的韵味感，也体现出了包装的清新、舒爽感。	版式的流动性与重复性展示，增加了产品包装的活跃程度，令包装具有丰富的表现力。

5.4.3 韵律法则产品包装设计

设计
说明
本作品介绍的是系列包装设计，两瓶产品固定在一个包装内部，使其富有强烈的整体性。

色彩
说明 金黄色、黑色与绿色的组合给予产品浓厚的成熟魅力。

■ RGB=241,181,88 CMYK=9,36,70,0
■ RGB=173,217,51 CMYK=42,0,88,0
■ RGB=46,42,43 CMYK=79,77,73,52

1. 产品包装将产品精彩的部分呈现给观赏者，合理地运用优点可以使其增强销售效果。
2. 包装画面宣传采用左右构图方式，文字呈现在左侧起到醒目的作用，右侧的画面则给予整体动感，可以增强画面的活力。

设计
说明 该产品采用传统经典的方形包装盒，更容易被消费者认可。

色彩
说明 蓝灰色的画面虽表现得不是那么清澈舒畅，却呈现一种自由的神秘感。

□ RGB=255,255,255 CMYK=0,0,0,0
■ RGB=82,136,146 CMYK=72,40,41,0
■ RGB=13,24,44 CMYK=96,93,66,55
■ RGB=96,55,33 CMYK=59,78,93,38

1. 产品的内包装与外包装都采用同种图形设计，可以加强产品的统一性。
2. 产品采用的磨砂玻璃瓶透光不透明，形成一种朦胧感，具有更强的美化装饰效果。

5.4.4　韵律法则包装设计小妙招——美丽的插画设计

关键词：淡雅

关键词：清香

　　该产品是食品包装设计，设计师擅长创意的包装和精美的插画设计，将每个产品都冠以不同的插画，使产品更具有艺术气息。

　　精美的手绘画，使得产品富有丰富的感情和内涵，进而也可以增强产品的画面感。

5.4.5　优秀作品赏析

5.5 重复法则

包装设计中的重复法则是从图形、色彩、文字着手设计，增强画面视觉感，以促进产品销售为有效目的。重复法则在包装中多以色彩和图形多次运用所呈现，具有较强的醒目性和对比性。

5.5.1 手把手教你——重复法则包装设计方法

形式1： 下面的产品包装是六边形重复运用结合而成，设计得相当独特又巧妙。

形式2： 下面的产品是图形的重复和造型的重复设计，前者可以丰富画面感；后者则可以加强产品的功能性，使其承载更多的产品。

5.5.2 重复法则包装设计方案

1. 下列作品包装采用圆形来展示重复性法则的构图设计,以直观的手法给观赏者带来明确的感知,而且还具有强烈的引导作用,呈现出了新颖跃动的构图设计。

2. 根据该产品的主题方向,选取与产品相关的素材进行设计能够提高产品的真实性和可信度,而且产品的相关色彩也是根据素材所提取的,这样能够将产品展示得多姿多彩。

最终效果		
		RGB=221,223,222 CMYK=16,11,12,0
		RGB=192,6,23 CMYK=32,100,100,1
		RGB=67,139,28 CMYK=76,34,100,1
		RGB=135,12,79 CMYK=56,100,54,10
		RGB=6,6,8 CMYK=91,87,85,76

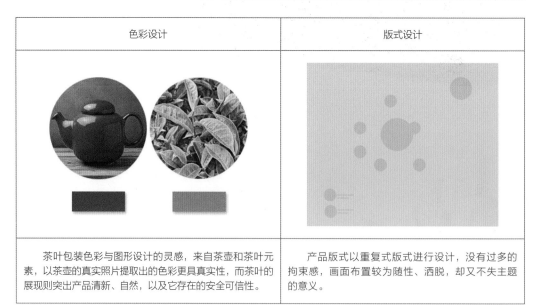

色彩设计	版式设计
茶叶包装色彩与图形设计的灵感,来自茶壶和茶叶元素,以茶壶的真实照片提取出的色彩更具真实性,而茶叶的展现则突出产品清新、自然,以及它存在的安全可信性。	产品版式以重复式版式进行设计,没有过多的拘束感,画面布置较为随性、洒脱,却又不失主题的意义。

5.5.3 重复法则产品包装设计

设计说明 本作品使用不同色彩的图形来展现包装产品的重复性法则。

色彩说明 灰色的包装背景上承载着不同小巧的色块，使得包装产品富有清新的活力。

■ RGB=213,203,193 CMYK=20,20,23,0
■ RGB=186,32,22 CMYK=34,98,100,2
■ RGB=11,109,117 CMYK=88,52,53,3
■ RGB=2,2,1 CMYK=92,87,79

1.包装上方粘贴一块标志，以文字的形式突出产品的内涵。
2.黑色标志的增添使得产品具有沉稳性。
3.长方形的经典包装使产品更具传统内涵性。

设计说明 本作品是面包袋的包装设计，将包装下部以同种图案重复进行，可以增强画面的感染力。

色彩说明 产品以橘黄色与赭石色装点画面，不同明度色彩的表现为画面增强了层次感。

■ RGB=242,168,84 CMYK=7,43,70,0
■ RGB=203,163,143 CMYK=25,41,41,0
■ RGB=96,35,18 CMYK=56,90,100,43

1.包装袋口采用开口式设计，可以便捷产品包装，更具便利性。
2.产品包装的透明部位的设计可以给消费者一个直观的观察，进而取得消费者对产品的信任。

5.5.4 重复法则包装设计小妙招——几何图形的拼搭画面

关键词：安逸

该作品的画面采用倾斜式构图，背景则选用不同明度较暗的冷色系色彩拼搭而成，给人呈现安逸的感觉。

关键词：清新

该作品的背景画面采用绿色与蓝色拼搭而成，给人清爽舒适感。

5.5.5 优秀作品赏析

5.6 比例法则

　　包装设计中的比例法则是：包装画面的图形、色彩面积比例和产品的体重比例等，是部分与整体和部分与部分的和谐关系，也以此将产品的造型形态和色彩关系展现得更加美丽，以获取最佳的视觉效果。

5.6.1 手把手教你——比例法则包装设计方法

　　形式1：下列产品包装设计所展现的是构图设计和色彩的比例，前者展现的是中心式构图，阴影的虚实使得包装设计更为立体突出；后者也是将明亮的白色展现在包装中心，使其将包装整体分辨得更加明确。

　　形式2：下列产品展现的是产品包装中色彩的比例所带来的视觉感受，第一幅图使用不同明度的色彩叠加而成，为产品塑造出渐变形式的视觉感；第二幅图则在中心处采用赭石色突出产品的品牌形象，使其更具醒目性。

5.6.2　比例法则包装设计方案

1.该作品中的比例法则所展现的是色块大小的对比和文字大小的对比，这些大小的对比在包装设计中是不容忽视的元素，给人们带来相对性的美感。	
2.根据该作品咖啡主题的包装设计，我们可以选择与之相关的元素，再将元素中的色彩提取出来，将其展示在产品包装当中，产生紧凑的画面感。	

最终效果		
		RGB=231,233,232 CMYK=11,7,9,0
		RGB=229,94,43 CMYK=12,76,86,0
		RGB=74,80,104 CMYK=79,71,49,9
		RGB=15,24,57 CMYK=100,100,59,43
		RGB=25,20,23 CMYK=84,84,79,68

色彩设计	版式设计
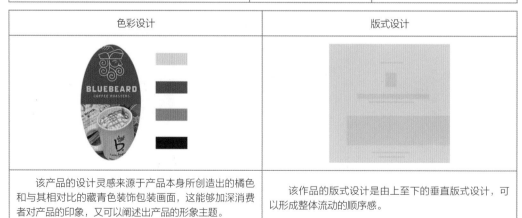	
该产品的设计灵感来源于产品本身所创造出的橘色和与其相对比的藏青色装饰包装画面，这能够加深消费者对产品的印象，又可以阐述出产品的形象主题。	该作品的版式设计是由上至下的垂直版式设计，可以形成整体流动的顺序感。

5.6.3 比例法则产品包装设计

设计说明　本作品展现的是瓶体包装设计，以磨砂材质来增添产品的美观性。

色彩说明　本作品整体采用无色的透明材质，用少许的黑色与黄色点缀包装，使其更具审美性。

■ RGB=212,215,225 CMYK=20,14,8,0
■ RGB=151,149,134 CMYK=48,39,46,0
■ RGB=211,131,7 CMYK=22,57,99,0
■ RGB=18,14,13 CMYK=86,84,85,73

1. 扁粗形状的圆柱体瓶盖，为包装产品增添了独特的形象，让其平添趣味性。
2. 瓶颈与瓶身分别贴有黄颜色的产品标签，既能明确产品的形象，又能增加产品的可读性。

设计说明　本作品介绍的是产品包装瓶设计，以圆润形态展现产品的饱满性。

色彩说明　产品包装采用蓝色与褐色结合设计而成，蓝色彰显着清爽，褐色则能保持包装的沉稳感。

■ RGB=203,208,213 CMYK=24,16,14,0
■ RGB=32,159,173 CMYK=76,23,34,0
■ RGB=103,53,30 CMYK=56,81,96,36
■ RGB=57,38,24 CMYK=70,78,90,57

1. 产品包装画面采用随性的设计理念，流畅的笔痕和可爱的插画形象，使得产品包装更具独特性。
2. 包装画面的色彩以不同明度所进行的叠加展示，为画面塑造出层次感。

5.6.4 比例法则包装设计小妙招——构图比例的色彩展现

关键词：活力

关键词：暖意

本作品展现的是包装产品的中心式构图，以清新的绿色彰显出青春活力的气息，亦对产品形象有一个明确定位。

本作品选用橘色作为产品中心式构图的形象展现，橘色较为鲜明、温馨，具有暖意，又具有一定的刺激性作用。

5.6.5 优秀作品赏析

5.7 比拟法则

比拟法则的产品包装设计主要是根据产品的主题形象，将包装设计得较为生动又具有丰富的表现力，而且包装中的图形、文字、色彩都以主次、均衡、疏密等形式展现，既满足产品的需求又突出产品的概念，使产品更具有个性特点。

5.7.1 手把手教你——比拟法则包装设计方法

形式1：下列产品选用纸质材料作为产品包装盒，以形象比拟法将产品塑造得可爱风趣。

形式2：下列产品以形象的造型来打造产品包装的魅力，小巧的鞋子、精巧可爱的人物，将产品赋予"生命"感。

5.7.2 比拟法则包装设计方案

1.比拟法则的包装设计是艺术和装饰的明确阐述，由作品就可以看出版面的布局与形式均以艺术为核心内容，使得产品包装有新意、美感，避免了枯燥的感觉。

2.该产品是乳制品的包装设计，根据主题形象挑选出山羊、西红柿、蓝莓等元素来突出展示，能够使消费者对产品的主题含义和辅助信息有一个初步了解，使得产品可以被更多消费人群所熟知。

最终效果		
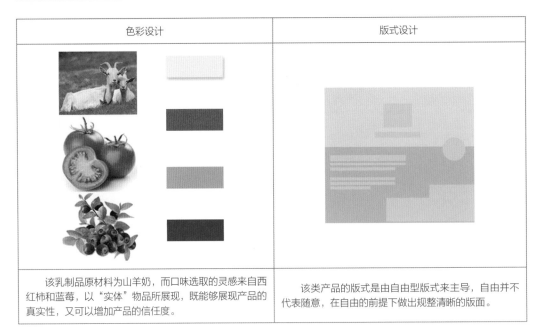		RGB= 241,241,241 CMYK=7,5,5,0
		RGB=149,7,66 CMYK=50,14,87,0
		RGB=2,116,187 CMYK=85,51,8,0
		RGB=36,58,116 CMYK=96,89,35,2
		RGB=214,41,35 CMYK=20,95,94,0

色彩设计	版式设计
该乳制品原材料为山羊奶，而口味选取的灵感来自西红柿和蓝莓，以"实体"物品所展现，既能够展现产品的真实性，又可以增加产品的信任度。	该类产品的版式是由自由型版式来主导，自由并不代表随意，在自由的前提下做出规整清晰的版面。

5.7.3 比拟法则产品包装设计

设计
说明
本作品属于动物类食品包装设计，而产品的包装设计塑造出更加形象的视觉感受。

色彩
说明
黄颜色与绿颜色所构成的鲜明对比，可以加强产品的表现力。

■ RGB=213,213,213 CMYK=19,15,14,0
■ RGB=,232,81,47CMYK=10,82,82,0
■ RGB=18,18,18 CMYK=87,82,82,71

1. 包装盒设计出独立的提手是为了方便购买者提拿，也减少了产品所带来的重量负担。
2. 包装画面的猫咪图案与包装盒设计出的猫咪形象构成了鲜明的呼应，也为其塑造出强烈的表现力。

设计
说明
本作品是酒品包装设计，内外结合的包装使其在美观的程度上增加一定的安全性。

色彩
说明
清爽的蓝色包装也在暗暗衬托着产品的清凉爽口的感觉。

□ RGB=235,246,251 CMYK=10,1,2,0
■ RGB=216,221,226 CMYK=18,11,9,0
■ RGB=30,103,181 CMYK=86,59,5,0

1. 产品包装造型一如既往地选用圆柱形瓶体，能够使得这类产品拥有统一性。
2. 产品的外包装采用形象的绒毛外衣，以拟人的手法赋予产品生命。

5.7.4　比拟法则包装设计小妙招——同种画面的不同造型感

关键词：创意

关键词：艺术

本包装作品展现的是一个猫头鹰造型，将猫头鹰身体设为产品的包装整体，再用翅膀、鹰爪、嘴等来丰富画面感，使产品的形象更为生动。

本作品以猫头鹰造型丰富画面，以印刷形式展现，虽没有生动的形象却富有极强的艺术气息，使得包装具有强烈的吸引力。

5.7.5　优秀作品赏析

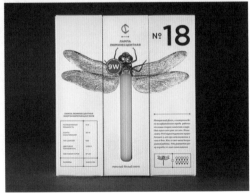

5.8 统一法则

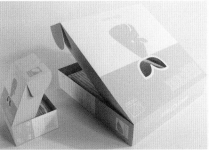

一个产品想要在销售领域做得成功又出色取决于两个因素：一是产品本身的质量；另一个则是承载产品的精美包装。提到产品包装就离不开统一法则，根据产品的主题，在设计过程中要达到形式与内容统一，创造出既精美又具有时代精神的包装设计。

5.8.1 手把手教你——统一法则包装设计方法

形式1： 下面所展现的是产品包装的构成，包装盒分为内外两种包装，内包装以生动的卡通图形构成产品包装的联想感；外包装以镂空的包装透出内部的图形，使其整体构成完美统一。

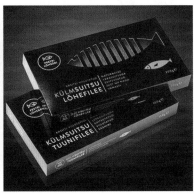

形式2： 下面作品所展现的是鱼类食品包装设计。设计师采用两种材质进行包装设计，一种是塑料材质，作为产品的内包装，既有清澈透明的性能又对食品的卫生起到安全保护作用；外包装则采用画报的纸质材质，设计师精心雕刻而成的鱼形镂空窗口，可以将食品的形态展现给消费者。

5.8.2 统一法则包装设计方案

1.统一法则的设计方案重视的是整体性和协调性，在符合主题的前提下追求完美。如该作品的包装设计，合理、巧妙地将产品内容与设计技巧融合为一体，使得整体布局得以强化，版面也具有艺术价值。

2.该作品根据主题将版面各种元素的结构和色彩，通过文字和图形形式协调组合在一起，使得版面的艺术感得以升华。

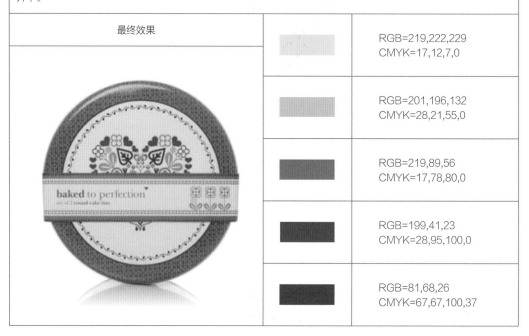

最终效果	
	RGB=219,222,229 CMYK=17,12,7,0
	RGB=201,196,132 CMYK=28,21,55,0
	RGB=219,89,56 CMYK=17,78,80,0
	RGB=199,41,23 CMYK=28,95,100,0
	RGB=81,68,26 CMYK=67,67,100,37

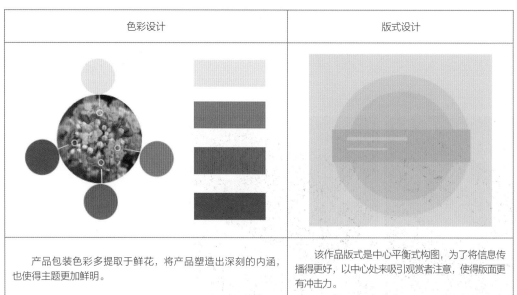

色彩设计	版式设计
产品包装色彩多提取于鲜花，将产品塑造出深刻的内涵，也使得主题更加鲜明。	该作品版式是中心平衡式构图，为了将信息传播得更好，以中心处来吸引观赏者注意，使得版面更有冲击力。

5.8.3　统一法则产品包装设计

设计 说明 本作品是趣味环保牛皮纸构成的食品包装设计。

色彩 说明 产品包装大面积采用牛皮纸本身色彩为主色，蓝色来点缀，使得包装更具整体性。

- RGB=233,231,229 CMYK=11,9,10,0
- RGB=187,74,54CMYK=33,84,84,1
- RGB=48,69,104 CMYK=89,78,46,9
- RGB=186,154,102CMYK=34,42,64,0

1. 文字、图案与色彩结合，将画面塑造得更加饱满。
2. 产品包装左下角用红色图案圈出透明窗口，为消费者提供了有利的观赏视角。

设计 说明 本作品采用的是玻璃材质的瓶体包装展示。

色彩 说明 粉绿色的整体色既表现了清爽感又呈现了柔和美。

- RGB=236,180,45 CMYK=12,35,85,0
- RGB=241,139,73 CMYK=6,57,72,0
- RGB=233,63,125 CMYK=10,86,26,0
- RGB=59,168,137 CMYK=73,16,56,0

1. 产品包装画面采用文字装饰，不同色彩的字母拼搭成一道靓丽的彩虹，使产品包装更加具有美感。
2. 由上至下的构图将画面塑造得更加整洁而富有秩序感。

5.8.4　统一法则包装设计小妙招——甜品精美的外包装

关键词：美味

本作品采用布满食品平面图案的图纸作为产品外包装，消费者透过图案所设想的画面绘制成一种美味的感觉。

关键词：甜美

本产品外包装设计采用精美的图纸包装而成，丰富的画面感也恰到好处地衬托出内部产品所带有的甜美感。

5.8.5 优秀作品赏析

Packaging
Design

不同产品的包装形式

不同产品有着不同的包装形式，可以根据产品的相关形象、标志形象、象征形象、装饰形象和消费形象对其进行相应的包装设计。本章讲解12类包装形式设计，分别是：食品类、烟酒类、服装类、饰品类、美妆类、数码类、家居类、家电类、文娱类、箱包类、建材类和儿童类。

● 放大产品的特点令包装产生强烈的视觉冲击力和说服力。
● 象征性的图像表达可以增加包装产品的形象特征和趣味性。
● 包装材料的装饰可以突出产品的文化特征。

6.1　食品类

　　食品类产品包装多以绿色包装为主，是一种对人身体健康无害的包装。现今食品包装的理念也显得较有特色，无菌、方便、个性成为食品包装的时尚，这些也都是为了满足现代人们不同层次的要求。

　　食品类包装不仅能够以美观来刺激消费者购买，还能够对商品起到保护作用，延长商品的存储寿命，也使商品质量更加安全。

6.1.1　手把手教你——食品类包装设计方法

　　食品类包装可分为：绿色便捷性包装和功能个性化包装。

　　形式1：便捷性包装满足消费者开启、封合时的便利，又是一种对环境无污染、对健康无危害的包装设计。

　　形式2：功能个性化包装具有很好的阻隔性，防止紫外线照射，而且包装设计也丰富多彩。

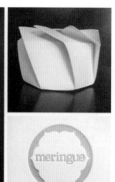

6.1.2 食品类包装设计方案

1. 食品类包装以多样化的样式来满足不同层次消费者的需求，以便捷、无菌、个性为主，进一步地开拓食品包装的新时尚。	
2. 本产品是蓝带产品和汉堡的包装设计，简易的包装袋为消费者提供了携带的方便性，而包装所呈现的清晰醒目的蓝色，为产品带来有利的视觉效果。	

最终效果		
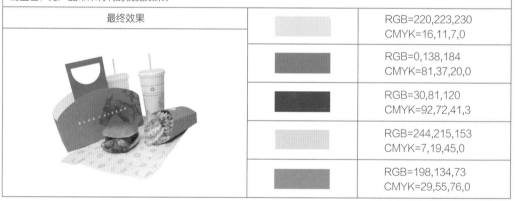		RGB=220,223,230 CMYK=16,11,7,0
		RGB=0,138,184 CMYK=81,37,20,0
		RGB=30,81,120 CMYK=92,72,41,3
		RGB=244,215,153 CMYK=7,19,45,0
		RGB=198,134,73 CMYK=29,55,76,0

色彩设计	材料设计
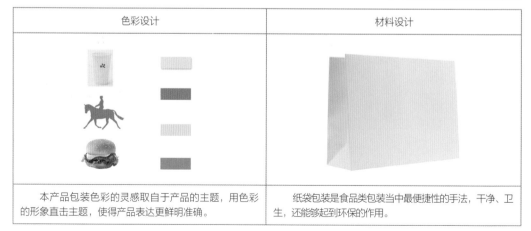	
本产品包装色彩的灵感取自于产品的主题，用色彩的形象直击主题，使得产品表达更鲜明准确。	纸袋包装是食品类包装当中最便捷性的手法，干净、卫生，还能够起到环保的作用。

6.1.3 食品类产品包装设计

设计
说明 本作品是橄榄油的包装设计，选用瓶体包装产品，可以很好地容纳产品。

色彩
说明 黑色的瓶体显得更加深邃，能够为产品带来庄严、高贵的气势。

- RGB=199,200,165 CMYK=27,18,39,0
- RGB=158,176,12 CMYK=48,22,100,0
- RGB=15,16,18 CMYK=88,84,81,72

1. 瓶体采用方形与圆形结合设计而成，能够增添产品的立体感。
2. 设计师将方形的说明纸贴在瓶体，将产品内涵以文字形式详细地展示出来。

设计
说明 该作品以扁方形作为包装形态，简洁的形式显得更为精美。

色彩
说明 作品的黄颜色基调显得温暖又富有活力，给人耳目一新的感觉。

- RGB=255,205,22 CMYK=4,25,87,0
- RGB=234,9,69 CMYK=8,97,63,0
- RGB=35,32,49 CMYK=87,88,65,50
- RGB=20,18,21 CMYK=87,84,80,70

1. 画面中的对比色使视觉效果非常强烈，为整体塑造出和谐感。
2. 将黑色的方形压设在蓝色、黄色、粉色画面上，将空间塑造得更具层次感。

6.1.4　食品类包装设计小妙招——添加透明窗口传递产品信息

　　消费者对于食品的要求与其他商品不同，消费者既关注食品的味道，还关注食品本身的材料是否真实、新鲜、安全、卫生，所以让消费者放心是非常重要的。在包装上加透明窗口，能够更直观地观察食品，传递产品信息，满足消费者的诉求。

6.1.5　优秀作品赏析

6.2 烟酒类

烟类产品包装不再是以往简单、陈旧的包装设计，烟类也逐渐披上礼品的外衣，使烟类产品变得高档精美，也增加了包装的质感，给人眼前一亮的感觉。

酒类产品包装主要是以吸引消费者目光为目的，而酒类包装以外包装和酒瓶为主，不仅要起到对商品的保护性，还要有销售的作用。

6.2.1 手把手教你——烟酒类包装设计方法

烟类包装：烟类包装设计主要是以小盒形式为主，显得精致又便携。

酒类包装：酒品的包装以瓶体为主，主要是起到保护酒品的作用。

6.2.2　烟酒类包装设计方案

1. 本产品所示的是酒类产品包装设计。酒类包装设计主要是酒瓶设计和外包装盒设计，酒品的包装就是一个无声的销售者，因此包装多给消费者带来简洁大方、高贵典雅的感受，可以提升产品的形象。

2. 本作品外包装以烤漆的实木包装箱来装饰，给予人们成熟、稳重的高贵感；而内包装以大小不同的五个区域来展示，令产品具有内外兼顾的和谐感。

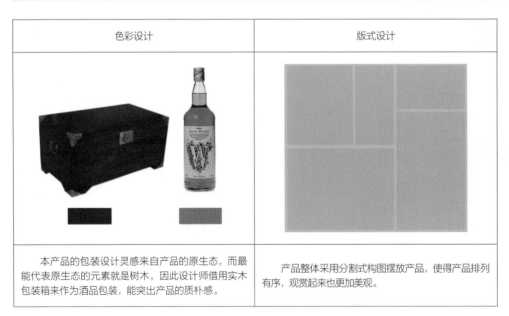

最终效果		
		RGB=253,237,201 CMYK=2,10,26,0
		RGB=190,157,122 CMYK=32,41,53,0
		RGB=132,77,21 CMYK=52,73,100,191
		RGB=172,87,4 CMYK=40,75,100,4
		RGB=61,13,0 CMYK=65,93,100,63

色彩设计	版式设计
本产品的包装设计灵感来自产品的原生态，而最能代表原生态的元素就是树木，因此设计师借用实木包装箱来作为酒品包装，能突出产品的质朴感。	产品整体采用分割式构图摆放产品，使得产品排列有序，观赏起来也更加美观。

6.2.3 烟酒类产品包装设计

设计
说明 本作品是酒类产品，以经典酒瓶和新颖图案为包装设计。

色彩
说明 瓶体主要以清透的绿色为主，用色彩来突出环保的性能。

■ RGB=192,193,198CMYK=29,22,18,0
■ RGB=80,132,24 CMYK=74,39,100,1
■ RGB=78,82,72 CMYK=73,63,70,23

1.设计师在经典酒瓶的基础上将瓶身包裹一层银色的外衣和绿色的花纹，可以提高商品的价值。

2.一般酒类产品的说明都是统一印刷在一个整体包装上，该商品则是将产品的介绍说明展现在瓶体上，这样直接的方式更便于消费者观赏。

设计
说明 本作品属于精美的酒品包装设计，宝石蓝色的高贵气质搭配红色，新潮而迷人。

色彩
说明 包装色彩采用赭石色为主，用宝石蓝来调和，使得产品的艺术性更为浓厚。

■ RGB=216,209,188 CMYK=19,18,28,0
■ RGB=163,81,66 CMYK=43,78,76,5
■ RGB=33,90,160 CMYK=89,67,15,0

1.外包装的礼品盒是一眼就能看到的宝石蓝，尊贵典雅的韵味自然地流动着。

2.内包装的酒瓶以长方形为主，给人们所呈现的立体感是该产品的特色，使得产品的品牌形象有了明确的确立。

6.2.4 烟酒类包装设计小妙招——香烟包装与公益

众所周知吸烟是有害健康的，因为吸烟会引发多种疾病。部分国家会将生病后的照片印刷在烟盒上，这样能够起到震慑的作用，让烟民们尽早戒烟。

6.2.5 优秀作品赏析

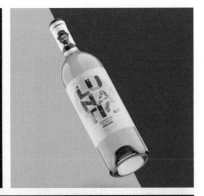

6.3 服装类

　　服装类产品包装可分为内包装和外包装，但一般服装类包装多以外包装展示。包装设计的独特不仅可以宣传品牌的魅力，还能带来独特的视觉享受。服装类的包装可分为：塑料袋、纸袋、纸箱、木箱等。本章多以纸箱包装为主，能够保护产品的清洁和安全，并且纸质的成本相对较低。

6.3.1 手把手教你——服装类包装设计方法

　　下面向大家展示一下圆形和方形的包装设计。

　　形式1：圆形的包装多以桶式展现，将产品包裹在内部可以起到很好的安全保护作用，又节省空间。

　　形式2：下面介绍的方形包装盒包括木质和纸质两种形式，前者能够将产品呈现得更加高档，后者给人轻便的感受。

6.3.2 服装类包装设计方案

1. 服装根据不同企业形象的定位可分为两种形式：外包装和内包装与外包装结合，但现今服装包装还是以外包装为主，以亮丽的视觉带来极强的广告宣传效果。

2. 本产品是衬衫主题包装设计。设计师用线条的韵律感将包装画面以衬衫的图形展示，这种直观的视觉传达便于消费者更直接地选购产品。

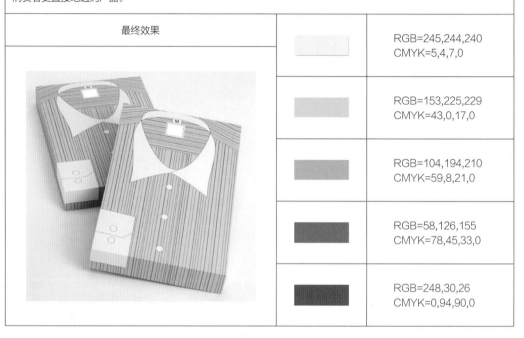

最终效果		
		RGB=245,244,240 CMYK=5,4,7,0
		RGB=153,225,229 CMYK=43,0,17,0
		RGB=104,194,210 CMYK=59,8,21,0
		RGB=58,126,155 CMYK=78,45,33,0
		RGB=248,30,26 CMYK=0,94,90,0

色彩设计	材料设计
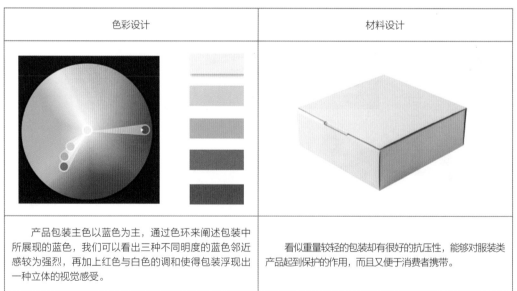	
产品包装主色以蓝色为主，通过色环来阐述包装中所展现的蓝色，我们可以看出三种不同明度的蓝色邻近感较为强烈，再加上红色与白色的调和使得包装浮现出一种立体的视觉感受。	看似重量较轻的包装却有很好的抗压性，能够对服装类产品起到保护的作用，而且又便于消费者携带。

6.3.3 服装产品包装设计

设计说明 该包装设计将产品以礼品盒的形式进行包裹，一个包装承载三个小包装盒，使得产品的层次得到升华。

色彩说明 包装盒采用红色来展现产品的喜庆，亦能够给消费者带来愉悦的心情。

- RGB=230,167,97 CMYK=13,42,65,0
- RGB=,227,58,73 CMYK=12,89,64,0
- RGB=180,172,178 CMYK=35,32,24,0
- RGB=17,14,8 CMYK=86,83,89,74

1. 包装整体看起来有些沉重感，设计师将包装上方设计出一个塑料提手减轻了购买者沉重的负担，更方便提拿。
2. 喜庆的红色与耀眼的金黄色相搭配，为产品塑造出一种富贵感。

设计说明 该包装属于产品的外包装，是一种包装纸袋。

色彩说明 包装袋采用黑色来打造，散发着一种深邃的神秘感，又耐脏。

- RGB=243,99,61 CMYK=4,75,74,0
- RGB=197,47,55 CMYK=29,94,80,0
- RGB=15,158,176 CMYK=77,23,33,0
- RGB=22,20,24 CMYK=86,84,78,68

1. 包装袋上以不同明度的色彩绘制成一种流动的浪花，赋予包装浓厚的艺术氛围。
2. 纸质的包装袋不仅携带轻便，又是一种可回收利用的材料，能够起到很好的环保作用。

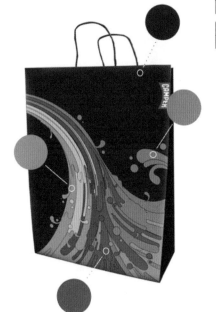

6.3.4 服装包装设计小妙招——几何形体展现的艺术

关键词：活力 　　　　　　关键词：文静 　　　　　　关键词：淡雅

该产品采用正方形盒体作为包装，方方正正的形态给人塑造出一种平稳安逸感。

该作品将长方形盒子作为产品包装，它的长度带有一种延伸性。

椭圆形的包装盒为视觉带来无限的美观性，而且它这种圆形的弧度也不会划伤购买者。

6.3.5 优秀作品赏析

6.4 饰品类

饰品包装主要以精简细致为主，更注重材料的环保性能，而商家则是注重饰品包装设计在运输中的安全性和便捷性，还注重成本的运算。饰品包装以生动的色彩为主，多以视觉传达的方式促进产品销售和扩大知名度。

 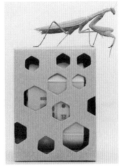 

6.4.1 手把手教你——饰品类包装设计方法

饰品包装都以小巧精致安全为主，下面介绍的是巧妙的暗格包装和精细的雕刻包装。

形式1：右面的两个产品包装都是以设计师独特的创作而制成，一个是以抽拉形式而制成；另一个则是以暗格拉伸形式而制成。

形式2：简洁纯净的包装盒经过设计师精心的雕刻，将内部珠宝透过精美的橱窗而展现，使产品变得更加尊贵而富有价值。

6.4.2 饰品类包装设计方案

1. 饰品类包装功能性较高，材质多以环保材料为主，又对饰品起到安全保护作用，而且饰品包装较为精致、美观，携带也较为方便。

2. 本产品为首饰包装设计，精美巧妙的包装盒成为该产品的突出亮点，可以为产品吸引更多的顾客，将产品嵌入包装内部的承载体上，使得产品更加具有稳固性。

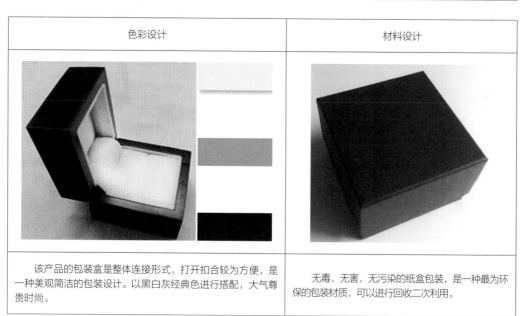

最终效果		
		RGB=244,240,241 CMYK=5,7,5,0
		RGB=72,71,79 CMYK=76,71,61,23
		RGB=35,34,42 CMYK=84,82,70,55

色彩设计	材料设计
该产品的包装盒是整体连接形式，打开扣合较为方便，是一种美观简洁的包装设计。以黑白灰经典色进行搭配，大气尊贵时尚。	无毒、无害、无污染的纸盒包装，是一种最为环保的包装材质，可以进行回收二次利用。

6.4.3 饰品包装设计

设计
说明 本作品运用木块组成的珠宝包装设计，塑造出一种怀旧风情。

色彩
说明 棕色的色调呈现一种成熟的魅力，使产品展现出一种民族风情的韵味感。

■ RGB=225,180,50CMYK=18,33,85,0
■ RGB=124,49,23 CMYK=51,88,100,27
■ RGB=209,43,145 CMYK=24,91,5,0

1. 戒指放入圆形的凹槽中，能够将其稳固摆放，使珠宝成为万物丛中的一颗璀璨明珠。
2. 小木块可以不同方式进行摆放，增添了产品的无尽乐趣。

设计
说明 该作品整体采用锥形为包装主题，摆放时可以起到稳固的作用。

色彩
说明 金灰色的色彩给人时尚大气之感，彰显着产品的尊贵气质。

■ RGB=147,152,141 CMYK=49,37,43,0
■ RGB=77,96,112 CMYK=77,62,49,5
■ RGB=13,44,164 CMYK=100,89,0,0

1. 纸质的包装盒价格低廉而且环保，画面上的线性表现，既彰显艺术范，又塑造出产品的简约大气。
2. 一条蓝色的丝带牵引着包装整体，使其开放自如又不缺乏美观性。

6.4.4　饰品包装设计小妙招——珠宝包装体现奢华

　　珠宝本身有着很高的价值，为了能够体现珠宝的贵重，珠宝的包装不仅要保护商品，还需要选择坚固耐用的材料和精美的设计来衬托珠宝，这样能够在无形之中让珠宝的贵重气息变得更加浓厚。

6.4.5　优秀作品赏析

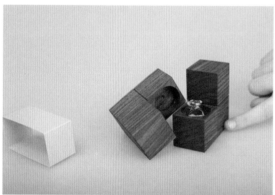

6.5　美妆类

　　要想设计出好的包装设计不仅要考虑色彩、图案、造型、材质，还要设计出能吸引消费者的包装，以精准地传达出产品的信息以及品牌形象。美妆类产品包装可分为外包装和内包装，内包装多以瓶体为主；外包装则是将内包装进行统一包装，多以盒子为主。

6.5.1　手把手教你——美妆类包装设计方法

　　内包装与外包装两种形式介绍如下。

　　形式1：内包装虽是以保护内部产品为主，但也会以优美的形态来展现，给消费者带来赏心悦目的视觉感受。

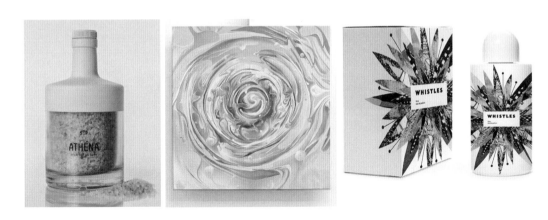

　　形式2：外包装多以盒子出现，将内包装包裹在内部，加强产品的保护力度，而且它的美观造型，还能为产品吸引更多的消费人群。

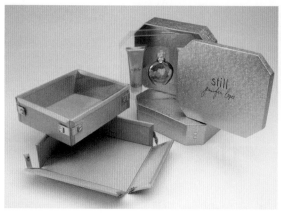

6.5.2　美妆类包装设计方案

1. 美妆产品包装分为内包装和外包装，内包装分为塑料包装、玻璃包装和复合材质包装，外包装则多为纸盒包装。不同产品采用不同的包装形式，使其更加美观、安全和实用。
2. 本产品是香水包装设计，画面以形象的卡通人物展现，色彩则采用鲜艳的红色来烘托产品的喜庆。

最终效果		
		RGB=212,214,215 CMYK=20,14,13,0
		RGB=209,93,84 CMYK=22,76,62,0
		RGB=166,30,31 CMYK=41,99,100,8
		RGB=69,112,146 CMYK=78,54,33,0
		RGB=35,31,30 CMYK=81,79,78,62

色彩设计	版式设计
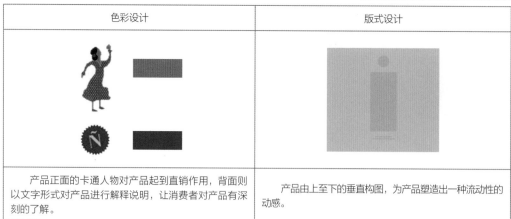	
产品正面的卡通人物对产品起到直销作用，背面则以文字形式对产品进行解释说明，让消费者对产品有深刻的了解。	产品由上至下的垂直构图，为产品塑造出一种流动性的动感。

6.5.3　美妆产品包装设计

设计
说明　本作品以三棱柱形态的包装盒来展示产品的安全稳固性。

色彩
说明　包装采用粉色铺垫，来衬托出橘红色与绿色图案的精巧感。

- RGB=221,219,224 CMYK=16,13,9,0
- RGB=196,135,152 CMYK=29,55,28,0
- RGB=73,160,159 CMYK=71,24,41,0
- RGB=22,15,23 CMYK=87,88,77,69

1. 三棱柱形态的包装不仅看起来具有立体感，而且还可以将同种产品拼搭摆放，增强产品的美观性。
2. 产品的说明介绍以独立的白色包装框为主，既不扰乱包装的美感，又能突出说明产品的形象。

设计
说明　该产品的包装采用经典的长方形包装，简洁的造型给人塑造出干练的感觉。

色彩
说明　紫灰色作为包装背景，黄色、绿色以及粉色作为包装色彩装饰，这种柔和的"装扮"给人塑造出甜蜜的温馨感。

- RGB=240,229,103 CMYK=13,9,68,0
- RGB=137,209,198 CMYK=50,2,30,0
- RGB=193,86,132 CMYK=31,78,27,0
- RGB=31,28,49 CMYK=90,91,64,51

1. 将文字设置为上下两个部分，恰好为画面起到点睛的作用，使得画面更具感染力。
2. 文字、色彩同原有色的融合使其包装画面的层次感瞬间凸显出来。

6.5.4 美妆包装设计小妙招——不同形状的内包装

关键词：特异　　　　　　　关键词：可爱　　　　　　　关键词：精美

　　圆柱形的瓶体在美妆产品中是最经典的内包装设计，可以方便消费者携带，又不失美观。

　　塑料材质的包装具有一定的柔软性，方便消费者使用时挤压，减少控倒的麻烦。

　　粗大矮小的瓶体摆放起来更为精美，亦方便消费者使用。

6.5.5 优秀作品赏析

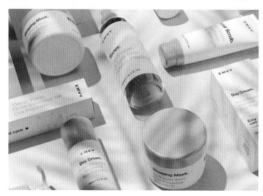 

6.6　数码类

数码产品最显著的特点是怕碰撞、挤压、摔、潮湿、高温等，因此做数码类产品包装时要注意以上情况，采取相应的应对措施，而且在进行包装设计时还要考虑运输、搬运等过程。

6.6.1　手把手教你——数码类包装设计方法

数码产品包装色彩的多样化以及包装的安全性介绍如下。

形式1：将同类产品以不同色彩展现给消费者。

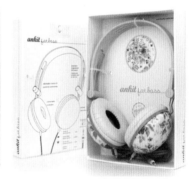

形式2：产品包装时注重内部产品的安全性，防止内部商品摇晃造成商品毁坏，避免不必要的损失。

6.6.2　数码类包装设计方案

1. 数码产品的包装设计对该类产品的销售起着很大的作用，数码产品的包装不仅能够对产品起到很好的保护作用，还能够利用文字准确地传达出产品的信息。

2. 该产品包装整体以黑色为主，采用少量的蓝色条形和白色的字体点缀画面，既起到装饰的作用，又能对产品有一个良好的"解说"。

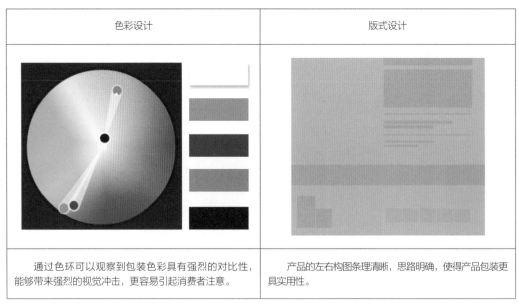

最终效果		
		RGB=250,249,247 CMYK=2,2,3,0
		RGB=14,162,236 CMYK=74,25,0,0
		RGB=18,72,115 CMYK=95,78,41,4
		RGB=180,136,43 CMYK=38,50,93,0
		RGB=25,24,22 CMYK=84,80,82,68

色彩设计	版式设计
通过色环可以观察到包装色彩具有强烈的对比性，能够带来强烈的视觉冲击，更容易引起消费者注意。	产品的左右构图条理清晰，思路明确，使得产品包装更具实用性。

6.6.3 数码产品包装设计

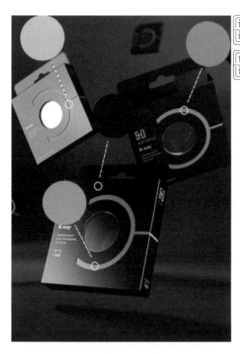

设计
说明 本作品是高级滤镜的精美包装设计。

色彩
说明 包装主色为黑色，又分为绿色、黄色、粉色来区分产品型
号，使其展示得更为清晰。

- RGB=247,163,205 CMYK=4,49,0,0
- RGB=216,151,48 CMYK=20,47,87,0
- RGB=113,141,31 CMYK=64,37,100,1
- RGB=10,10,10 CMYK=89,84,85,75

1. 包装盒将开口处设置出一个镂空边框，既方便开启又便于
   悬挂。
2. 每个包装中心都设有圆形透明处，可以方便购买者观赏内
   部产品，可以让购买者有一个初步的了解。

设计
说明 本作品是创意光碟包装设计。

色彩
说明 青色的包装纸给人营造出沉静优雅感。

- RGB=54,184,176 CMYK=70,7,39,0
- RGB=0,0,0 CMYK=93,88,89,80

1. 包装材质采用纸质元素，它具有易折性，方便对产品包装
   塑造形象。
2. 包装打开时犹如开放的花朵，清新而美丽，将包装折起时
   又塑造成一个八边形的礼品，精细又别致。

6.6.4　数码产品包装设计小妙招——包装的内外结合

关键词：深沉

关键词：便携

　　商品包装外部采用封面广告形式对产品进行视觉宣传，令消费者对产品有一个认知。

　　商品包装是一种扣合形式，打开包装盒内部分为两个区域，一个区域是将产品严实地扣置在内部，另一个区域则装设产品的介绍说明书，使产品包装更为丰富。

6.6.5　优秀作品赏析

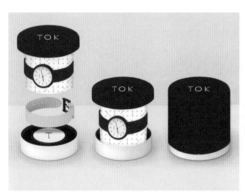

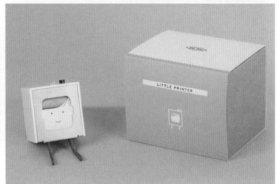

6.7　家居类

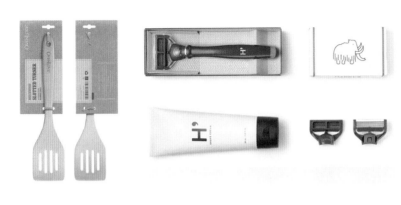

　　在进行家居类产品包装时要确定好产品的形象定位，要把独特新颖之处作为重点，在精密细致之外还能给人带来一种趣味性，让人的生活变得更加舒适惬意。家居类产品包装将安全性与美观性集为一体，能够给人们带来美的享受，也能拥有一定的信服力。

6.7.1　手把手教你——家居类包装设计方法

　　实木盒子与纸质包装介绍如下。

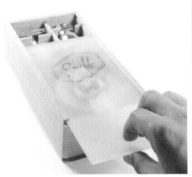

　　形式1： 采用实木作为产品的包装设计既美观又具有环保性，还可将产品以礼品的形式进行销售。

　　形式2： 纸质的产品包装更容易让人携带，它本身的轻便不会给人带来沉重的烦恼，而且容易印刷的性能使得包装更加美观。

6.7.2　家居类包装设计方案

1. 家居产品包装设计讲究产品的安全性、卫生性，产品包装要以无毒、无污染、对人身健康无害的包装为主。
2. 该产品包装是家居产品包装中西餐具的包装设计，设计师将餐具统一放在包装盒内，再以分割形式将其——摆放，透过塑料包装盖能将产品展现得更加清晰。

最终效果		
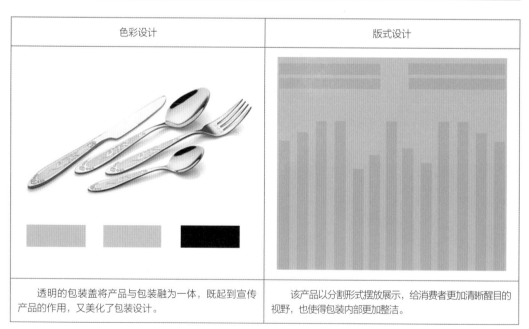		RGB= 249,246,234 CMYK=4,4,11,0
		RGB=241,222,142 CMYK=10,14,52,0
		RGB=161,121,50 CMYK=45,56,92,2
		RGB=108,106,55 CMYK=64,55,91,12
		RGB=76,60,28, CMYK=67,70,99,42

色彩设计	版式设计
透明的包装盖将产品与包装融为一体，既起到宣传产品的作用，又美化了包装设计。	该产品以分割形式摆放展示，给消费者更加清晰醒目的视野，也使得包装内部更加整洁。

6.7.3 家居产品包装设计

设计
说明 本作品是一款剃须刀的包装设计，采用硬塑料和纸盒进行结合包装，使其拥有变化美。

色彩
说明 绿色与黄色的搭配使用给人营造出一种晴朗新鲜的感觉，使人感觉更加自然。

■ RGB=233,205,18 CMYK=16,20,90,0
■ RGB=55,109,76 CMYK=81,49,81,10
■ RGB=14,47,110 CMYK=100,94,43,4
■ RGB=0,0,0 CMYK=93,88,89,80

1. 将产品固定在包装的凹处，可以使其更加稳定。
2. 包装内表面的透明设计可以将产品一览无遗地展现给消费者，使其对产品有一个初步了解。
3. 文字以及图案的装点可以更详细地阐述商品的性能，能够令购买者有一个更具体的了解。

设计
说明 本作品是梳子包装设计，尊贵的梳子配以精致的包装，也使得商品的价值得到提高。

色彩
说明 淡淡的绿色给人一种清爽的舒适感，再配以黑色点缀使其在清爽的氛围中带着一丝沉稳。

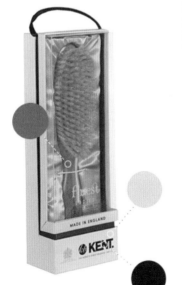

■ RGB=206,220,208 CMYK=24,9,21,0
■ RGB=145,102,59 CMYK=50,64,85,8
■ RGB=13,13,11 CMYK=88,83,86,74

1. 黑色的丝带围绕着包装透明处，既便于购买者提拿，又使商品变得更为轻盈曼妙。
2. 设计师将产品的品牌形象以文字形式展示在商品包装下部，使商品得以有效地被认知。

6.7.4　家居产品包装设计小妙招——纸盒材质的好处

关键词：精简

关键词：详细

　　纸盒包装在包装行业应用较为广泛，它能够固定商品，又能够承受运输过程中的冲击和振动，是一种很好的包装材质。

　　采用梯形为商品包装造型能够起到美化和宣传的作用，而纸盒材质又是一种可回收利用的材质，能够赢得消费者的青睐。

6.7.5　优秀作品赏析

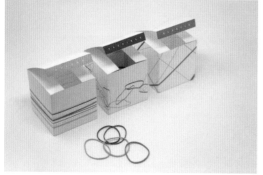

6.8 家电类

随着生活水平的提高，人们对家电的要求也越来越高，普遍要求既有精美的外观，又要使用舒适方便。也因此商家忽视了家电产品的包装，忘记了包装也是产品的一部分，而消费者对于一个产品的注意往往是通过包装引起的，所以包装也是一种视觉传达的销售手段，不能忽视，而且还要加以重视。

6.8.1 手把手教你——家电类包装设计方法

家电包装多以纸盒材质为主，主要也是抓住了纸盒的安全、便捷性能。

形式1： 方形的包装盒，呈现出四平八稳的感觉，使得产品无论是运输还是摆放，都能具有稳固的作用。

形式2： 长方形的包装摆放起来更加方便也不会占用过多的空间，六边形包装具有稳定性，镂空的设计则可以让人观赏到商品。

6.8.2　家电类包装设计方案

1. 家电产品包装设计首要的是产品的安全运输。产品使用新颖别致的造型以及精巧的设计来塑造产品的醒目效果，使消费者对其拥有一种强烈的兴趣。

2. 本产品的主题是相机包装设计。该产品包装较为简练，经典的黑白灰组合的色彩，给予产品高尚的品质。四方平稳的包装盒也为产品塑造出良好的安全性。

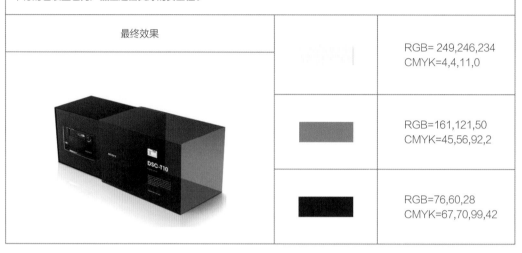

最终效果		
		RGB= 249,246,234 CMYK=4,4,11,0
		RGB=161,121,50 CMYK=45,56,92,2
		RGB=76,60,28 CMYK=67,70,99,42

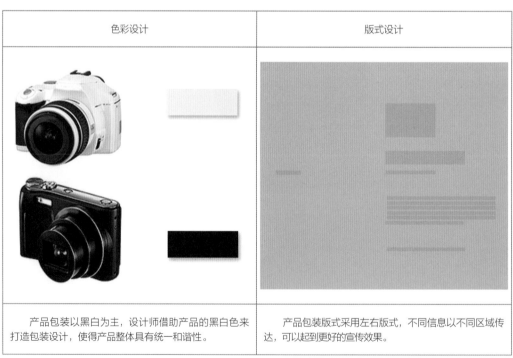

色彩设计	版式设计
产品包装以黑白为主，设计师借助产品的黑白色来打造包装设计，使得产品整体具有统一和谐性。	产品包装版式采用左右版式，不同信息以不同区域传达，可以起到更好的宣传效果。

6.8.3 家电产品包装设计

设计说明 采用纸盒作为包装设计既环保又坚固耐用。

色彩说明 蓝色的包装盒能够给人带来清新凉爽的感觉，同时极具科技感。

▫ RGB=240,240,240 CMYK=7,5,5,0
■ RGB=0,107,139 CMYK=89,55,38,0

1. 包装画面采用左右构图方式，将图案与文字分别展示，使得画面更加清晰。
2. 包装印有的文字，将产品的性能、特点一一展现给消费者，也为消费者选购提供了便利。

设计说明 设计师选用物美价廉的纸盒作为商品包装，更加快捷、方便。

色彩说明 包装采用纯净的白色再点缀一抹绿色，给人营造出温柔、宁静的感觉。

▫ RGB=208,209,217 CMYK=22,17,11,0
▫ RGB=132,197,70 CMYK=55,3,87,0
■ RGB=1,1,3 CMYK=93,88,87,79

1. 以产品形态设计的镂空窗口，可以使产品更加美观，增色不少。
2. 不同形状的产品都配以不同样式的镂空窗口，使得产品富有浓重趣味性。

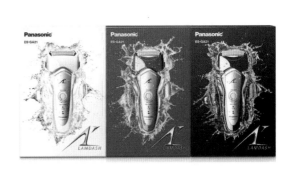

6.8.4　家电产品包装设计小妙招——色彩的冷暖

关键词：小巧

关键词：实用

　　本作品的色彩相对于蓝色，则给人一种温暖，更容易亲近，也容易拉近产品与消费者的关系。

　　本作品的蓝色虽然偏冷，却能从心理上打动人，往往会给人带来海洋的幻想，使人更加平静。

6.8.5　优秀作品赏析

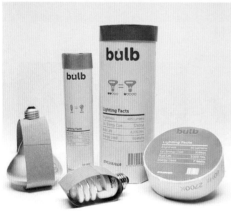

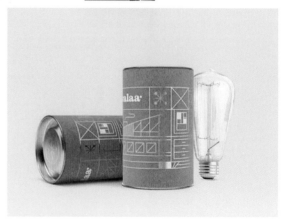

6.9　儿童类

儿童类的产品包装通常卡通、有趣，强调构图与色彩的美感，既能展现产品的特征，又能满足儿童天性活泼的好奇心理，形成一种潜在的心理定位，给儿童留下一个深刻的印象进而达成购买欲望。

6.9.1　手把手教你——儿童类包装设计方法

简易包装与创意包装的艺术性介绍如下。

形式1：简易的产品包装以简单的包装盒为主，再进一步地丰富包装画面，使画面的吸引力构成有效的视觉传达。

形式2：创意的包装设计则是从造型着手，创意的包装造型是一个产品最直接的销售手法。

6.9.2 儿童类包装设计方案

1. 儿童产品包装设计多以卡通形象为主，为儿童塑造出活泼生动的梦幻场景，激发儿童对产品的兴趣，达到想要购买的欲望。

2. 产品的主题是儿童玩具包装设计。简单的包装盒上呈现了形神兼备的恐龙形态，将活泼、趣味性融为一体，为儿童带来一抹深刻的印象。

最终效果		
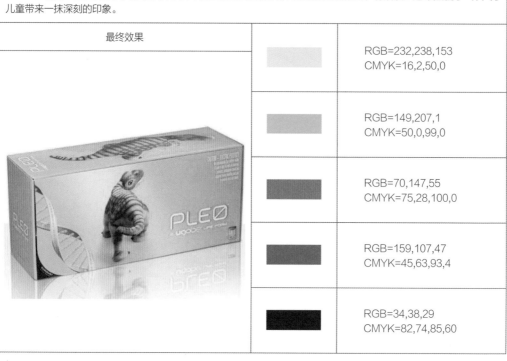		RGB=232,238,153 CMYK=16,2,50,0
		RGB=149,207,1 CMYK=50,0,99,0
		RGB=70,147,55 CMYK=75,28,100,0
		RGB=159,107,47 CMYK=45,63,93,4
		RGB=34,38,29 CMYK=82,74,85,60

色彩设计	材料设计
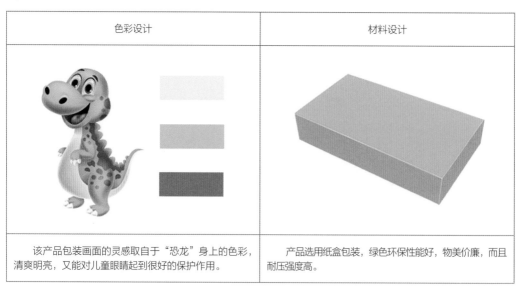	
该产品包装画面的灵感取自于"恐龙"身上的色彩，清爽明亮，又能对儿童眼睛起到很好的保护作用。	产品选用纸盒包装，绿色环保性能好，物美价廉，而且耐压强度高。

6.9.3 儿童产品包装设计

设计说明 该产品以新颖的造型和画面来突出产品的特性，以此来达到给消费者留下深刻印象的目的。

色彩说明 色彩以活泼的橘色、迷人的紫色和清新的绿色为主，对儿童产生良好的吸引作用，使其能够对产品更加关注。

___ RGB=251,249,246 CMYK=2,3,4,0
■ RGB=223,91,1 CMYK=15,77,100,0
■ RGB=122,153,5 CMYK=61,31,100,0
■ RGB=124,18,70 CMYK=57,100,59,18,

1.独具特性的造型与图形更便于消费者识别该产品和宣传产品品牌。
2.将同类产品以不同画面进行统一叠加摆放，塑造出不一样的视觉美感。

设计说明 该产品包装以硬纸盒为主，为消费者带来轻便的便捷性。

色彩说明 蓝色代表着一种青春朝气，又给人营造出一种独特的海洋的感觉。

■ RGB=219,130,65 CMYK=18,59,77,0
■ RGB=165,89,65 CMYK=42,74,78,4
■ RGB=17,163,196 CMYK=76,22,22,0
■ RGB=6,0,0 CMYK=90,88,87,79

1.产品包装采用半透明形式表现，消费者可以透过包装透明处观察内部商品，进而也能引起消费者的兴趣。
2.设计师用创意性的印刷字体来丰富包装画面，使产品表现得更有乐趣。

6.9.4 儿童产品包装设计小妙招——高饱和色彩在儿童产品中的应用

关键词：活泼

这是一个儿童饮品包装设计，整个包装色彩颜色饱和度高，搭配高纯度的红色和黄色，整体给人天真、活泼的感觉。

关键词：可爱

这是一款儿童用品包装设计，青绿色调给人干净、清爽的感觉，适合用在洗涤用品中。高纯度的黄色作为点缀色，让配色形成冷暖的对比，给人伶俐、生动的感觉。

6.9.5 优秀作品赏析

Packaging
Design

7

包装色彩的视觉印象

色彩在包装设计当中起着重要的作用，甚至能够决定产品的销售情况和品牌形象。而本章节的包装色彩的视觉印象主要是色彩的情感表达，分别是：安全、环保、时尚、精美、个性、热情、甜美、淳朴、淡雅、饱满。

● 色彩能够带来赏心悦目、和谐的感觉。
● 色彩能够唤起人们的兴奋点。
● 色彩能够带来强烈的视觉冲击。

7.1 安全

产品包装的安全可从两种角度出发：一种是包装对产品本身的安全性保护；另一种是产品对购买者的健康起到安全保障。无穷尽的包装样式和色彩不仅能够带来欣赏的价值，还能满足产品的储藏、运输以及美化促销要求。

7.1.1 手把手教你——安全类产品包装设计方法

形式1： 下列是产品外包装的展示设计，采用木质材料作为产品包装，具有较好的刚性，而且工艺简单又是可回收利用的材料，也避免了商品容易损坏的麻烦，为运输创造了很有利的条件。

形式2： 下列产品包装分别采用玻璃材质和实木材质作为产品包装盒。玻璃材质具有良好的保鲜性能，而且透明度较好，可以将产品展现给消费者，但也要切记玻璃材质易碎；实木材质的简易包装将产品展现出一种怀旧的历史感，又散发着文化的韵味感。

7.1.2 安全类产品包装设计方案

1.该产品的外包装采用黑色半开式的纸盒包装，给消费者更多想象。而产品的内包装采用玻璃瓶体承装产品，透过透明的玻璃体将产品的色彩——呈现，使得产品更有绚丽的视觉感。

2.该产品的主题是奶茶产品包装设计。不同味道的奶茶分别由不同的色彩来代表，设计师将三种不同口感的产品统一载入包装盒中，这种系列展示方法更容易促进和扩大产品销售。

最终效果		
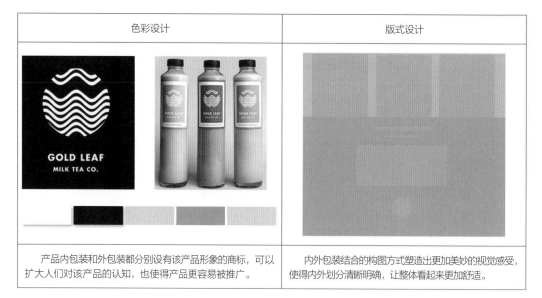		RGB=251,251,251 CMYK=2,1,1,0
		RGB=201,213,193 CMYK=26,12,27,0
		RGB=236,209,216 CMYK=9,23,10,0
		RGB=241,150,97 CMYK=6,53,61,0
		RGB=13,13,13 CMYK=88,84,84,74

色彩设计	版式设计
产品内包装和外包装都分别设有该产品形象的商标，可以扩大人们对该产品的认知，也使得产品更容易被推广。	内外包装结合的构图方式塑造出更加美妙的视觉感受，使得内外划分清晰明确，让整体看起来更加舒适。

7.1.3 安全类产品包装设计

设计
说明 该产品包装是既安全又环保的设计。

色彩
说明 产品色彩采用实木本身的裸色,能够反映出纯净自然的
感受。

- RGB=224,223,227 CMYK=14,12,9,0
- RGB=228,199,167 CMYK=14,25,36,0
- RGB=54,39,31 CMYK=72,77,83,56

1. 包装盒内铺设一些草将产品垫起,防止产品磕破。
2. 包装盒内部设有产品固定木片,能够防止产品晃动的现象
   出现。
3. 该产品包装采用推拉形式设计,可以避免脱落现象出现,
   对产品起到了良好的保护作用。

设计
说明 该产品采用硬纸盒设计的包装,既轻便又美观。

色彩
说明 黑色的包装盒呈现简洁又深邃的神秘感。

- RGB=225,186,130 CMYK=16,32,52,0
- RGB=170,53,24 CMYK=40,91,100,6
- RGB=91,82,72 CMYK=68,65,70,22

1. 包装盒内部设有产品固定凹槽,在运输过程中避免了产品晃动
   现象出现。
2. 设计师用绳子将包装盖穿透,使得包装盖内部承载少量产品又
   方便携带。

7.1.4　安全类产品包装设计小妙招——精美的包装形象

关键词：唯美

关键词：亮丽

　　该作品采用圆柱形包装盒，设计师为了保证产品的安全，采用绳子来封口，既增添了美观性又起到保护作用。

　　该产品采用长方形包装盒，精美的包装图案将产品衬托得极为富贵、美观，使产品的品质得到一定的升华。

7.1.5　优秀作品赏析

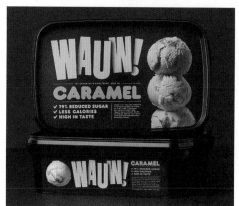

7.2 环保

环保类产品包装不仅要注重环保也要注重安全性和人性理念。环保产品包装应是易于再利用或易于回收的材质，多以天然植物为材料，以对生态环境和人类健康无害的材质为主，也要满足安全、方便、销售等功能。

7.2.1 手把手教你——环保类产品包装设计方法

形式1：下列所展示的是包装袋和包装盒。前者是一种可回收利用的一次性包装；后者则是可进行循环运用的硬纸盒包装。

形式2：产品包装不仅仅是对产品起到一个安全保护的作用，还能借助包装以及图形和文字抓住消费者的眼球，对产品起到解析说明的作用。

7.2.2 环保类产品包装设计方案

1. 本产品采用白色和土黄色组合成牛皮纸包装设计，而牛皮纸包装以一种温馨丝柔的方式吸引消费者，给消费者带来更自然的感觉。

2. 本作品的主题是婴儿棉纺用品包装设计。该包装设计以画面来宣传环保，再选用环保材质与画面结合展示，使得该产品整体能够更加融合。

最终效果		
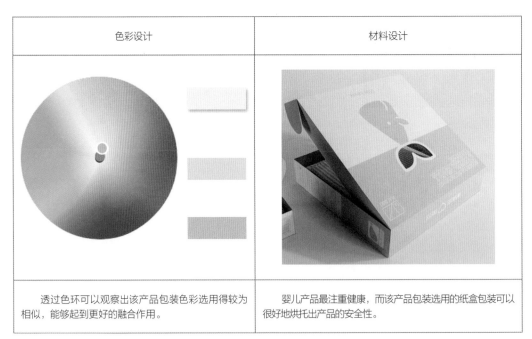		RGB=244,243,238 CMYK=6,5,8,0
		RGB=219,220,215 CMYK=17,12,15,0
		RGB=199,191,174 CMYK=27,24,32,0

色彩设计	材料设计
透过色环可以观察出该产品包装色彩选用得较为相似，能够起到更好的融合作用。	婴儿产品最注重健康，而该产品包装选用的纸盒包装可以很好地烘托出产品的安全性。

7.2.3 环保类产品包装设计

设计说明 该作品采用硬纸盒作为产品简易的包装盒。

色彩说明 没有明艳的色彩，反而将包装原有的色彩呈现得更为质朴、雅观。

- ■ RGB=220,125,38 CMYK=17,61,90,0
- ■ RGB=183,154,133 CMYK=34,42,46,0
- ■ RGB=91,88,91 CMYK=71,65,59,13

1. 产品包装盒采用镂空的设计手法，可以将产品安稳地放置在镂空凹槽内，安全稳定又不失美观。

2. 包装盒两侧的把手设计可以方便购买者携带产品，也减轻了重量的负担。

3. 包装表面绘制着黑色的文字说明，既详细地介绍了产品又起到很好的醒目作用。

设计说明 本产品包装选用可回收利用的牛皮纸材质。

色彩说明 材质本色的褐色呈现出简朴的自然感受。

- ▨ RGB=210,211,205 CMYK=21,15,19,0
- ▨ RGB=182,196,95 CMYK=37,16,73,0
- ■ RGB=99,107,132 CMYK=70,59,39,1
- ■ RGB=149,112,59 CMYK=49,59,86,5

1. 产品包装采用捆绑方式固定产品，既能稳固产品使其不易脱落，又能将产品的形象展示给消费者，使消费者对其有一个初步了解。

2. 该包装材质的简练设计，既节省了材料资源又起到实用性作用。

7.2.4　环保类产品包装设计小妙招——包装样式与图形的展现

关键词：奇特

关键词：雅致

该作品采用锥形的结构原理进行包装设计，使得产品摆放时能够有很好的稳定性，又可以丰富产品的立体感；而包装的半开放形式可以加深消费者对产品的印象。

该作品是灯饰包装设计，设计师将产品的瓦数以大型的数字展现在包装表面，亦为消费者提供了便利的观察条件。

7.2.5　优秀作品赏析

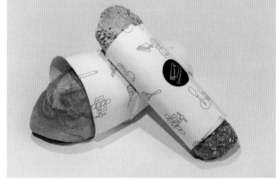

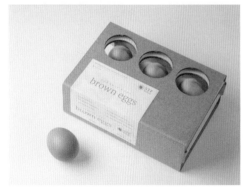

7.3 时尚

　　时尚类的产品包装展现在形式美。包装造型独特新颖、文字表达得简洁明了、色彩展现得纯净美观。时尚类的包装设计也体现在多方面：化妆品包装优雅大方、食品包装具有视觉冲击力的语言表达、日用品包装更具人性化等。

7.3.1　手把手教你——时尚类产品包装设计方法

　　形式1：下面展示的是产品包装的结构组成。产品包装的多步骤结合展现出了产品的丰富层次感。

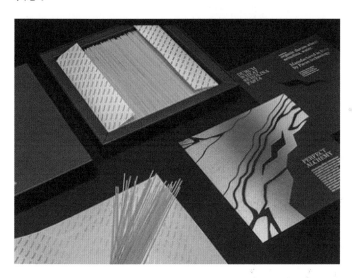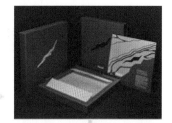

　　形式2：下列产品分别是色彩、画面的丰富感的包装和简单的包装盒设计，前者是用画面来吸引眼球，后者则是用简约时尚的包装来抓住人的视线。

7.3.2 时尚类产品包装设计方案

1. 产品包装使用黑色、红色和白色搭配组合，既经典又给人和谐大气的感觉，使得产品更具稳重感。
2. 产品的主题是麦片包装设计。产品采用复合塑料材质包装设计，具有能够抽取真空的特性，可以对产品的质量起到很好的保护作用。

最终效果		
		RGB=220,223,230 CMYK=16,11,7,0
		RGB=0,138,184 CMYK=81,37,20,0
		RGB=30,81,120 CMYK=92,72,41,3
		RGB=244,215,153 CMYK=7,19,45,0
		RGB=198,134,73 CMYK=29,55,76,0

色彩设计	版式设计
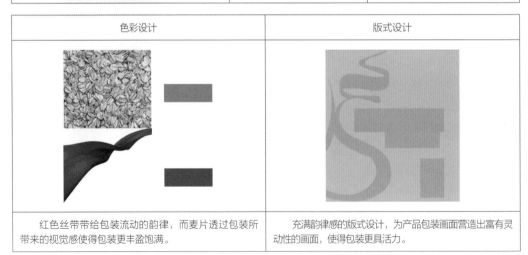	
红色丝带带给包装流动的韵律，而麦片透过包装所带来的视觉感使得包装更丰盈饱满。	充满韵律感的版式设计，为产品包装画面营造出富有灵动性的画面，使得包装更具活力。

7.3.3 时尚类产品包装设计

设计说明 该产品包装虽然是一种纸盒材质包装，却呈现一种质朴的时尚感。

色彩说明 白色与青色的装点为包装塑造出前卫的时尚感，精美又不杂乱。

- RGB=,237,241,250 CMYK=9,5,0,0
- RGB=0,182,175 CMYK=74,6,40,0
- RGB=198,177,162 CMYK=27,32,34,0

1. 每个产品都有一个相应的支架将产品以竖立的形式展示给消费者，既呈现立体感又能将外在形态诠释给消费者。
2. 包装封面采用大写的字母装饰画面，能够起到突出产品的作用。
3. 包装画面突出的一块青色区域，起到醒目的作用。

设计说明 该作品展现的是一个矮小的包装盒设计。

色彩说明 黑色与黄色结合运用将产品呈现得既清爽又时尚。

- RGB=255,255,255 CMYK=0,0,0,0
- RGB=235,197,2 CMYK=14,25,92,0
- RGB=34,32,31 CMYK=82,79,78,61

1. 产品包装上部与下部都采用方形打造，可以令其摆放更加稳定，而瓶身的圆弧形设计将包装展现得更为圆润而富有舒适的手感。
2. 包装画面展现的图案与产品有着相互关联的关系，使得画面更有表现力。

7.3.4　时尚类产品包装设计小妙招——同种色彩的不同形态

关键词：精小

该产品包装以黑色为主，黑色在包装色彩中是最为经典的颜色也最为百搭，呈现一种简约而不简单的时尚感。

关键词：气质

该产品是一种长方体的包装形态，选用黑色和黄色最亮眼的搭配组合，可以将产品展现得更为突出。

7.3.5　优秀作品赏析

7.4 精美

精美类的包装设计主要体现在产品包装的装潢设计，主要是通过包装造型、图形、色彩、文字等视觉语言展现出来，反映出产品自身所具有的形态、色泽、质地等特性，亦令产品自身的价值得以升华。

7.4.1 手把手教你——精美类产品包装设计方法

形式1： 下列产品展现的包装设计不仅具有醒目性的作用，而且还具有艺术性和独创性，给消费者一目了然的视觉感，同时也让消费者体会了赏心悦目的感受。精美感觉的包装，重点在于"精"，精致、精细、精品。

形式2： 设计师抓住了消费者返璞归真的消费心理，将产品包装设计得较为简朴，深受消费者欢迎。

7.4.2 精美类产品包装设计方案

1. 产品包装背景采用灰色底色来衬托，可以为产品增加柔和的美感又不会给人带来视觉上的跳跃性，避免了色彩所带来的不舒适性。	

2. 本产品是圣诞主题的巧克力包装设计，而圣诞节的象征除了圣诞老人就是神圣的麋鹿，正如包装表面所展现。麋鹿、树木、雪花三者的结合为包装塑造出既浪漫又富有活力的生机感。

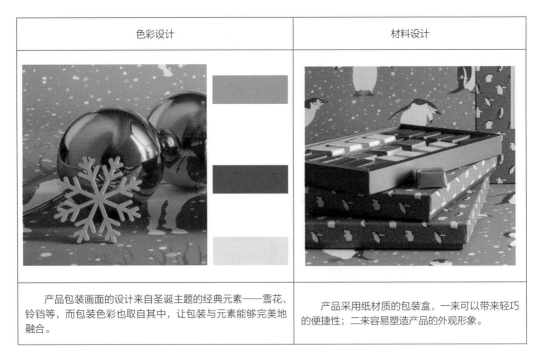

最终效果		
		RGB=217,223,223 CMYK=18,10,12,0
		RGB=125,127,140 CMYK=59,49,38,0
		RGB=78,82,91 CMYK=76,67,57,15
		RGB=154,98,75 CMYK=47,68,72,5

色彩设计	材料设计
产品包装画面的设计来自圣诞主题的经典元素——雪花、铃铛等，而包装色彩也取自其中，让包装与元素能够完美地融合。	产品采用纸材质的包装盒，一来可以带来轻巧的便捷性；二来容易塑造产品的外观形象。

7.4.3 精美类产品包装设计

设计
说明 本产品包装采用实木打造的奇异包装造型，能够令其在众多产品中脱颖而出。

色彩
说明 棕褐色的包装色彩将产品展现得更加成熟而富有内敛感。

■ RGB=187,162,109 CMYK=33,38,62,0
■ RGB=174,114,41 CMYK=40,62,96,1
■ RGB=129,95,79 CMYK=56,65,68,10

1. 产品包装每个小节都是一个单独部分，可以增加储藏分量，又增添了神秘感。
2. 包装整体采用一个纸质条幅封住，可以起到保护产品的作用。

设计
说明 本产品采用玻璃材质打造出椭圆形精美的包装瓶，既具有实用性又起到装饰性的作用。

色彩
说明 包装色彩采用绿色和黑色装点包装画面，使得色彩更加强烈。

□ RGB=254,252,252 CMYK=1,2,1,0
■ RGB=197,179,1 CMYK=32,28,97,0
■ RGB=206,192,179 CMYK=23,25,28,0
■ RGB=19,21,31 CMYK=90,87,73,64

1. 粗大的瓶身、精小的瓶口，使得产品在同种行业展现得更为独特。
2. 木塞的瓶盖能够对产品及其质量起到很好的保护作用。

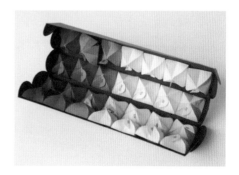

7.4.4 精美类产品包装设计小妙招——优美的外包装

关键词：美观

简洁的包装减少烦琐的造型使其展现得更加干练，再将产品用精美图案环绕，增加产品的美观性。

关键词：精致

产品采用方形的包装盒，包装口用色彩装点成精美的花瓣样式，将产品进行了一定的升华。

7.4.5 优秀作品赏析

7.5 个性

　　个性的包装设计会以强烈的视觉冲击力吸引消费者眼球，使得消费者能够对产品有更进一步的观察，甚至牵动消费者的购买欲望。个性的产品包装是产品的影子，消费者会根据包装的形象对产品加以想象，也是产品最佳形象的第一展现。

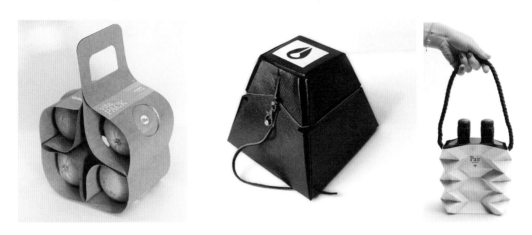

7.5.1 手把手教你——个性类产品包装设计方法

　　形式1：下面第一幅图产品包装分别采用海螺、石头、竹节的造型进行设计，使产品展现得惟妙惟肖；第二幅图产品包装采用折纸的原理进行设计，使得产品给消费者带来优美的视觉享受。

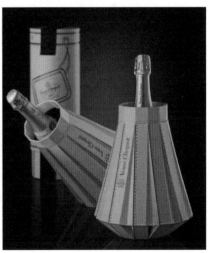

　　形式2：下列产品都采用纸质包装设计，夸张风趣的造型使得产品也得到升华。

7.5.2 个性类产品包装设计方案

1. 该产品采用米白色、淡黄色、蓝色、红色和黑色五种色彩搭配展示，并没有想象中的凌乱感，反而设计得更加精彩夺目。

2. 该产品主题是熟食鸡产品包装设计。包装画面使用鸡的动画图案来装饰，生动的形象使得产品具有独特的个性，亦能为产品吸引更多的消费者目光。

最终效果		
		RGB=237,232,213 CMYK=9,919,0
		RGB=230,202,119 CMYK=15,23,60,0
		RGB=117,164,170 CMYK=59,27,33,0
		RGB=195,55,38 CMYK=30,91,95,1
		RGB=41,31,32 CMYK=78,81,77,60

色彩设计	材料设计
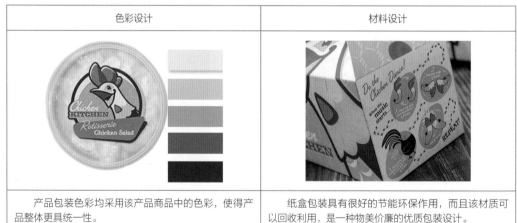	
产品包装色彩均采用该产品商品中的色彩，使得产品整体更具统一性。	纸盒包装具有很好的节能环保作用，而且该材质可以回收利用，是一种物美价廉的优质包装设计。

7.5.3 个性类产品包装设计

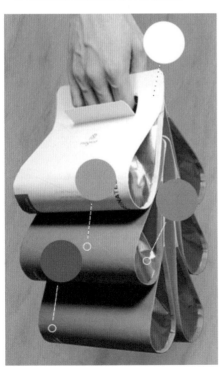

| 设计说明 | 本作品选用纸盒作为产品包装设计，设计简洁不烦琐，携带又轻便。 |

| 色彩说明 | 产品包装分别以红色、绿色、橘色展示，使包装变得更加多样化。 |

- ■ RGB=222,96,45 CMYK=15,75,85,0
- ■ RGB=196,51,69 CMYK=29,92,69,0
- ■ RGB=37,77,74 CMYK=87,63,68,26
- ■ RGB=47,31,39 CMYK=78,84,71,56

1. 每个包装不同色分别对应着不同的图案，亦为包装增加了视觉的趣味性。
2. 产品如画面一样排列展示，可以加强产品的视觉美感，也能吸引更多的消费人群。

| 设计说明 | 产品奇特的包装造型成为该产品最大的亮点，既能吸引流动人群的目光又具有包装的实用性。 |

| 色彩说明 | 包装色彩的相似性带来强烈的视觉感受，也展现出了色彩的强烈刺激性。 |

- □ RGB=252,254,255 CMYK=1,0,0,0
- ■ RGB=214,129,45 CMYK=20,59,87,0
- ■ RGB=159,142,205 CMYK=45,47,0,0
- ■ RGB=70,76,140 CMYK=83,77,23,0

1. 产品包装由六个小部分构成一个整体，相互协调、相互衬托，使得包装更具层次感。
2. 设计师精心设计的提拿口方便消费者携带，展现出包装的细腻之处。

7.5.4 个性类产品包装设计小妙招——插画在包装上的应用

关键词：动感

关键词：温柔

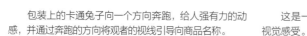

　　包装上的卡通兔子向一个方向奔跑，给人强有力的动感，并通过奔跑的方向将观者的视线引导向商品名称。

　　这是一个系列的包装，统一的绘画风格给人和谐的视觉感受。

7.5.5　优秀作品赏析

7.6 热情

热情的产品包装多以色彩的高饱和来展现，色彩又具有强烈的召唤力和表现力，因此它在包装中展现得越艳丽就越能带动人们的视线，而且不同的产品拥有着不同的特性，也会造成色彩运用的不同，展现了产品属于自己的特殊魅力。

7.6.1 手把手教你——热情类产品包装设计方法

形式1：包装色彩格调微妙的多样化，展现了色彩与造型结合所形成的艺术效果。

形式2：红色的包装色彩起到了烘托主题、美化产品的作用，更便于消费者识别该类型产品。

7.6.2 热情类产品包装设计方案

1. 红色是最积极乐观的色彩，而产品包装选用大量的红色来主导画面，能够丰富地表达出产品的情感，又具有强烈的感染力，更容易引起消费者注意。

2. 该产品的包装主题是茶叶产品包装设计。产品包装画面不仅采用了大量的红色，还选用其补色"青色"来融合展示，使得包装色彩展现得更加强烈，能够更好地引起消费者注意。

最终效果		
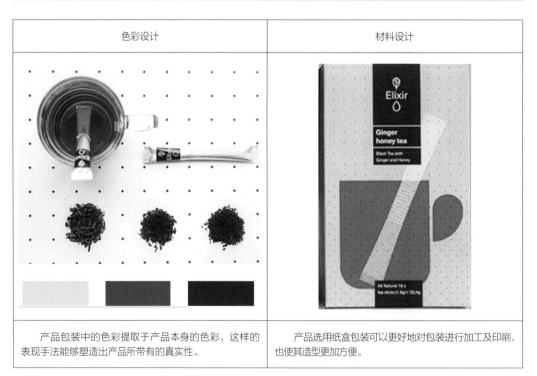		RGB=231,227,224 CMYK=11,11,11,0
		RGB=254,66,39 CMYK=0,86,82,0
		RGB=0,185,177 CMYK=73,4,40,0
		RGB=23,21,22 CMYK=85,82,80,69

色彩设计	材料设计
产品包装中的色彩提取于产品本身的色彩，这样的表现手法能够塑造出产品所带有的真实性。	产品选用纸盒包装可以更好地对包装进行加工及印刷，也使其造型更加方便。

7.6.3 热情类产品包装设计

设计说明　本作品是一种纤细的瓶体包装，展现出纤纤柔美感。

色彩说明　瓶体与产品红色的液体结合形成一种微妙的变化，使得产品变得更加柔和。

- ■ RGB=253,230,218 CMYK=1,14,14,0
- ■ RGB=230,82,64 CMYK=11,81,72,0
- ■ RGB=61,3,5 CMYK=64,99,99,63

1. 产品包装画面与包装富有相辅相成的融合性，展现出极为和谐的视觉美感。
2. 产品文字说明简洁、大方却又不失产品的雅观性。

设计说明　本产品是纤维纸盒包装设计，弯曲的形态展现出了产品的柔美性又富有强烈的立体感。

色彩说明　紫红色的色彩，既热烈又尊贵神秘，体现了产品的高贵气质。

- ■ RGB=215,219,215 CMYK=19,12,15,0
- ■ RGB=100,149,40 CMYK=68,30,100,0
- ■ RGB=106,23,45 CMYK=56,99,76,35

1. 瓶盖的白色成为整体包装的点缀色，点亮了包装的色彩，又展现了对产品安全的保护。
2. 包装画面以明暗花纹结合展现，使得包装画面感更加强烈，视觉感受更加丰富。

7.6.4　热情类产品包装设计小妙招——创意造型

关键词：别致

关键词：清新

　　本产品包装所展现的棱角感，使得包装产品在该行业当中更为突出。

　　包装造型看似简易却富有丰富的内涵，而柠檬黄与嫩绿色的结合是包装视觉清新、秀丽的体现。

7.6.5　优秀作品赏析

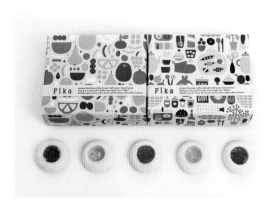

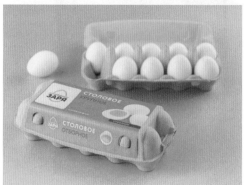

7.7 甜美

甜美类的包装设计多以食品包装的色彩与图形所体现。甜美的包装色彩对比较为强烈、纯度较高，效果显得更加明亮、活泼、香甜，情绪倾向较为明显，亦有丰富和活跃的画面感，让人产生一种温暖、亲近的感觉。

7.7.1 手把手教你——甜美类产品包装设计方法

形式1：该产品包装色彩选用绿色呈现出新鲜的情感表达，而展现产品的形态则给人一种美味的视觉感，是一种迎合大众的包装设计。

形式2：下面产品包装以卡通形象所展现，不仅表现了产品的艺术性，而且还具有商业性，抓住了儿童心理，使儿童对此类产品爱不释手。

7.7.2 甜美类产品包装设计方案

1. 产品包装以不同色彩的高饱和展现，如万花丛中百花争艳的景象，一个个将其最美的姿态展现在消费者眼前，让产品的吸引力更加强烈。

2. 本产品的主题是种子的包装设计。不同的种子都有自己承载的小勺，长长的把柄令种子种植起来更加干净、便利。

最终效果		
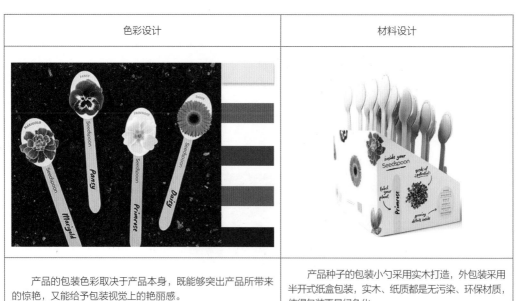		RGB=232,232,245 CMYK=11,9,0,0
		RGB=107,40,137 CMYK=72,96,11,0
		RGB=222,43,75 CMYK=15,93,61,0
		RGB=227,66,11 CMYK=13,86,100,0
		RGB=26,24,29 CMYK=86,83,75,65

色彩设计	材料设计
产品的包装色彩取决于产品本身，既能够突出产品所带来的惊艳，又能给予包装视觉上的艳丽感。	产品种子的包装小勺采用实木打造，外包装采用半开式纸盒包装，实木、纸质都是无污染、环保材质，使得包装更具绿色化。

7.7.3 甜美类产品包装设计

 这是一个饮品包装设计,设计风格简约,插画内容可爱、清新,符合女性的审美。

色彩说明 包装采用低纯度的配色方案,以淡粉色为主色调,搭配红色和绿色,整体给人可爱、甜美、浪漫的感觉。

- RGB=255,216,197 CMYK=0,23,20
- RGB=16,75,50 CMYK=89,58,87,35
- RGB=255,25,0 CMYK: 0,95,95,0

1.插画内容与商品口味相呼应。
2.整个包装配色简单,与品牌的理念统一。

 产品的包装设计采用盒体内扣形式,可以更好地"锁住"包装内部的产品。

色彩说明 包装选用明显的红色和白色竖条作为包装背景色,给人塑造出亲近的感觉,更容易抓住远处的流动人群。

- RGB=252,130,31 CMYK=0,62,87,0
- RGB=121,121,121 CMYK=61,52,49,1
- RGB=43,43,43 CMYK=81,76,74,52

1.包装画面采用中心式构图,将所有元素聚集在中心展示,使产品表现得更加强烈。
2.包装中心的棕色装饰,瞬间将包装展现得沉着、稳重。

7.7.4　甜美类产品包装设计小妙招——色彩的引力

关键词：温暖

关键词：亮丽

　　产品最吸引人注意的就是色彩的展现，红色与橘色的高饱和不仅能够带动产品与消费者之间的亲近关系，还能带动远处的消费人群。

　　包装色彩采用白色与红色、紫色、橘红分别对比展示，使得色彩展现更加强烈，令包装形象塑造得更加鲜明。

7.7.5　优秀作品赏析

7.8　淳朴

淳朴类的包装设计理念是以回归自然为主，设计也趋向于简约化，以"少"呈现"多"的内涵，逐渐形成一种追求简单、质朴的文化倾向，还可以提升产品的包装效果，加深品牌形象的视觉传达。

7.8.1　手把手教你——淳朴类产品包装设计方法

形式1： 下列产品包装均采用包装袋的形式展示产品，既能展现出产品包装的实用性，又可以突出包装的便捷性功能。

形式2： 以少胜多的包装手法，不但能够展现包装的用途，还能塑造出产品的丰富内涵。

7.8.2 淳朴类产品包装设计方案

1. 产品浅褐色的牛皮纸和其本身所带有的纹理体现出天然的生态感，使产品展现出安全、纯净的感觉。	
2. 该产品主题是淋膜牛皮纸袋设计。根据产品的大小进行相应的设计，使得产品包装更加合理。	

最终效果		
		RGB=202,155,125 CMYK=26,45,50,0
		RGB=178,142,110 CMYK=37,48,58,0
		RGB=125,81,56 CMYK=54,71,82,18
		RGB=186,85,39 CMYK=34,78,95,1

色彩设计	材料设计

产品包装画面选用麦穗装点，是用图形的方式突出产品的成分和暗示产品的健康安全性。	产品选用淋膜牛皮纸袋承载产品，是因其具有轻便性、稳固性、价格低廉、防油、防水又节能环保的特点。

7.8.3 淳朴类产品包装设计

设计说明 本作品一如既往地选用纸质包装展示淳朴类的产品包装设计。

色彩说明 色彩选用包装材质本身的色彩，可以提升产品的自然纯净感。

- ☐ RGB=246,245,250 CMYK=4,4,1,0
- ■ RGB=154,131,82 CMYK=48,50,75,1
- ■ RGB=45,32,7 CMYK=74,78,100,63

1.包装采用半包裹形式，将产品一部分展露在外部，可供消费者对此进行观察。

2.弯曲的节能灯造型打破了传统的造型，使之更具有艺术美感。

设计说明 纸袋食品包装不仅设计简单，而且携带方便，不会造成负重感。

色彩说明 白色的包装色彩采用蓝色的蜂窝图形装饰的包装版式，增强了包装的感染力。

- ■ RGB=216,196,186 CMYK=19,25,25,0
- ■ RGB=111,182,240 CMYK=57,19,0,0
- ■ RGB=222,62,60 CMYK=15,88,74,0
- ■ RGB=49,38,44 CMYK=78,81,71,52

1.包装画面的卡通图案加强了产品的趣味性。

2.包装口以粘贴形式展现，更加便于产品开封。

7.8.4 淳朴类产品包装设计小妙招——巧妙的内外包装

关键词：朴实

关键词：朴实

该产品的外包装以简单的纸质材料的包装盒展示，更加简便整洁。

该产品的内包装分两个层次封装，底部是环保的复合材质托盘，中间则用一张薄纸分开，使得产品更加卫生、干净。

7.8.5 优秀作品赏析

7.9 淡雅

淡雅的包装以清新为主，包装与产品都以简洁为统一的共性，色彩也都展现得较为清新儒雅。淡雅的包装造型不都是以简单的为主，样式多变色彩的饱和却以纯净为主，能够令每个包装都具有自身特色。

7.9.1 手把手教你——淡雅类产品包装设计方法

形式1：下列展现的是同系列产品，不同的包装却展现出了不同的视觉美感，使得产品更具独特性。

形式2：下列产品一种是采用封盖形式展示产品，饮用较为卫生和方便；另一种则是以包装盒展示，给人呈现便捷美观的视觉感受。

7.9.2 淡雅类产品包装设计方案

1. 该产品包装以轻盈的绿色为主体，融合了产品的绿色化包装，倾斜的画面也使得产品的个性化更突出。
2. 该产品的主题是纸巾包装设计。包装与产品融为一体，既起到保护产品的作用，又具有美化和宣传产品的作用。

最终效果		
		RGB=227,227,228 CMYK=13,10,9,0
		RGB=104,162,41 CMYK=65,22,100,0
		RGB=51,129,19 CMYK=80,39,100,2

色彩设计	材料设计
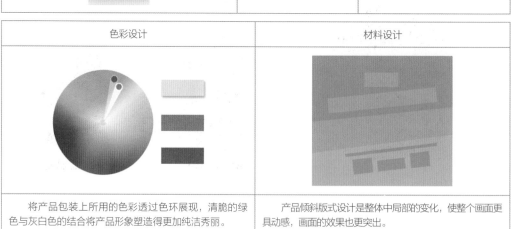	
将产品包装上所用的色彩透过色环展现，清脆的绿色与灰白色的结合将产品形象塑造得更加纯洁秀丽。	产品倾斜版式设计是整体中局部的变化，使整个画面更具动感，画面的效果也更突出。

7.9.3 淡雅类产品包装设计

设计说明 本产品包装设计以立体、美观为主要目的。

色彩说明 包装色彩选用蓝色和橘色，分别由上、下两个部分逐渐递减的形式向中心渐变，令色彩表现得更加富有动感。

- RGB=251,240,232 CMYK=2,8,9,0
- RGB=192,63,39 CMYK=32,88,95,1
- RGB=99,183,195 CMYK=62,14,26,0

1. 产品包装采用粗大的六棱柱形态作为外包装，而内包装采用三角形状展示，可以容纳更多产品。
2. 产品的包装口所折叠出的凹凸样式，为产品塑造出了完美的视觉感受。

设计说明 产品包装选用长方体形状设计，可以将产品形象塑造得更加立体。

色彩说明 不同明度的绿色搭配组合，将包装画面塑造出丰富的层次感。

- RGB=235,238,237 CMYK=10,5,7,0
- RGB=165,198,37 CMYK=45,10,94,0
- RGB=99,148,51 CMYK=68,31,99,0
- RGB=49,50,19 CMYK=77,69,100,53

1. 产品包装的宣传画面更加形象地将产品生动地展示出来。
2. 画面以不同明度的绿色展出产品的自然纯净品质。

7.9.4 淡雅类产品包装设计小妙招——系列类产品的不同包装造型

关键词：立体

关键词：纯净

　　此包装整体基调采用纯净的白色，展示出产品的清新、干净，三角体的造型使得包装更具立体感。

　　此包装采用柱体塑造包装形态，瓶盖的画面均采用绿色来点缀，也使得产品形象不会乏味。

7.9.5 优秀作品赏析

7.10 饱满

色彩是美化和突出产品的主要因素,而色彩的冷暖是由心理情感塑造而成,暖色有红色、橙色、黄色等;冷色则有绿色、青色、蓝色等。饱满的产品包装主要体现在暖色系的塑造,色彩感强烈,给人带来温暖、膨胀的感觉。

7.10.1 手把手教你——饱满类产品包装设计方法

形式1: 下列产品包装形态虽不同,色彩却都以高饱和展现,使产品更加饱满,增强产品的"活跃"性。

形式2: 同种产品以不同的高度饱和色彩塑造,使得产品具有多样式变化的视觉美感。

7.10.2 饱满类产品包装设计方案

1. 产品包装大量选用玫瑰红包装设计，温馨的红色不仅能够拉近消费者和产品的距离，还能够增加产品的饱满感。

2. 本作品的主题是甜甜圈包装设计。产品包装盒采用六边形设计，宽阔的内容量可以将产品安放得更加稳固，又不易让产品损坏。

最终效果		
		RGB=222,196,181 CMYK=16,26,27,0
		RGB=171,22,77 CMYK=42,100,60,2
		RGB=119,19,57 CMYK=55,100,68,26

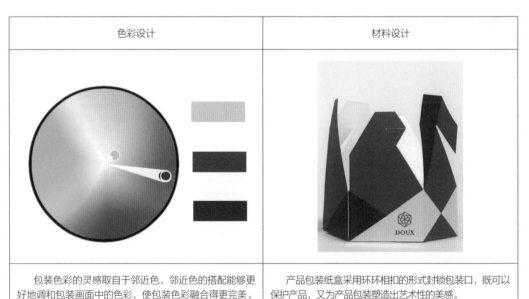

色彩设计	材料设计
包装色彩的灵感取自于邻近色，邻近色的搭配能够更好地调和包装画面中的色彩，使包装色彩融合得更完美。	产品包装纸盒采用环环相扣的形式封锁包装口，既可以保护产品，又为产品包装塑造出艺术性的美感。

7.10.3 饱满类产品包装设计

设计说明 产品采用塑料材质塑造包装，能够承载更多的产品，亦体现出了它的饱满性。

色彩说明 红色的包装显得产品具有浓烈的热情，源源不断地散发着暖意。

- ■ RGB=232,25,33 CMYK=9,96,91,0
- ■ RGB=169,152,124 CMYK=41,41,52,0
- ■ RGB=25,11,24 CMYK=86,92,75,68

1. 红色与黑色构成的经典搭配，给人一种更加高贵的品质感。
2. 产品的包装画面远观是一个猩猩的头像，近观则能看出它是由丰富的环境景象组成的，使得整体形象更加丰富。
3. 该产品标签展示在产品左下角，既能对产品起到说明作用，又不影响画面的视觉感。

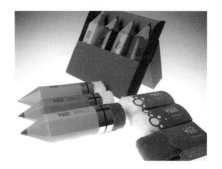

设计说明 磨砂材质的包装瓶为观赏者塑造出朦胧的美感。

色彩说明 橘红色不仅散发着浓浓的甜美感，又给产品营造出一种浓烈的亲近感。

- ■ RGB=232,75,0 CMYK=10,83,100,0
- ■ RGB=219,99,0 CMYK=17,73,100,0
- ■ RGB=176,129,106 CMYK=38,55,57,0
- ■ RGB=209,206,213 CMYK=21,18,12,0

1. 产品的瓶口采用防腐蚀的金属瓶盖装饰，既为产品单一的色彩起到点缀作用，又对产品起到安全保护作用。
2. 包装画面上的花纹，使得产品视觉感受更加清新、唯美。

7.10.4 饱满类产品包装设计小妙招——色彩的妙用

关键词：艳丽

　　该包装色彩主要以红色、蓝色为主，而这两种色彩的结合再搭配图案所构成的画面，给人塑造出热烈、幸福的感觉。

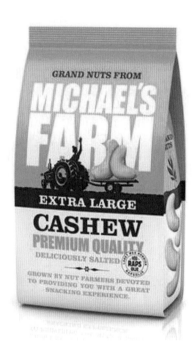

关键词：柔和

　　此产品选用的黄色与蓝色搭配不如红色那般热烈，却呈现出清新舒适感。

x

7.10.5　优秀作品赏析

Packaging Design

包装设计训练营

8.1　营养食品包装盒

项目分析

包装类型	营养食品包装盒
配色分析	中明度配色方案

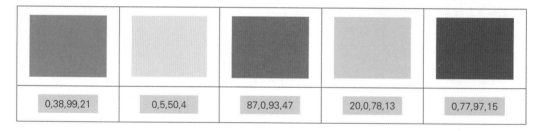

0,38,99,21	0,5,50,4	87,0,93,47	20,0,78,13	0,77,97,15

案例分析

① 作品以绿色作为包装的主色调，这样的配色给人一种自然、健康的感觉。

② 以少量的红色作为点缀色，红与绿所产生的强烈对比效果可以快速吸引人的眼球。

③ 作品中放射性的背景布局可以丰富包装的内容，还可以将人的视线集中在视觉重心处。

配色方案

（1）明度对比

低明度	高明度

低明度的背景将前景凸显出来。	当背景颜色明度提高时，画面变得明亮、温暖了。

（2）纯度对比

低纯度	高纯度

当颜色纯度降低后，画面虽然产生了柔和、舒缓的视觉感受，但是包装的主题却没办法凸显出来。	高纯度给人一种色彩鲜明的视觉感，当颜色纯度高到一定程度后，画面会产生刺激、浮躁的视觉感受。

（3）色调对比

紫色调	洋红色调
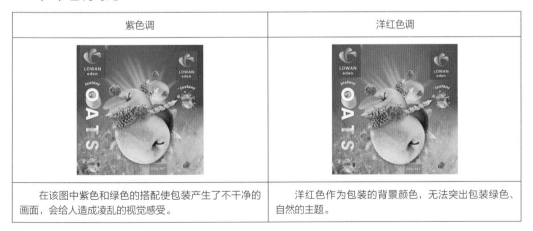	
在该图中紫色和绿色的搭配使包装产生了不干净的画面，会给人造成凌乱的视觉感受。	洋红色作为包装的背景颜色，无法突出包装绿色、自然的主题。

（4）面积对比

邻近色的大面积使用	互补色的大面积使用

以高纯度的绿色作为背景颜色，画面颜色纯度过于高，使画面产生了刺激、跳跃之感。	红与绿为互补色，两种颜色面积等大时，画面会产生生硬、刻板的视觉感受。

（5）色彩延伸

绿色调	黄绿色调

邻近色的绿色系配色方案给人一种平衡的视觉感受。	将背景更改为黄色调，黄与绿为类似色，采用这样的配色方法设计，色彩搭配使得画面变化更为丰富。

（6）佳作欣赏

优秀包装配色案例

干净清爽的酒品包装

包装为中明度色彩基调，银灰色的底色散发着优雅、冷清的光芒。前景中青色调的矢量插画使整个包装干净、清爽，富有格调。

颜色沉稳的冷饮包装

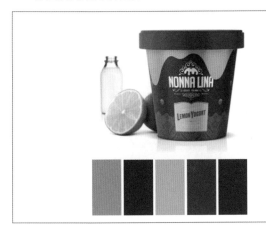

包装以绿色为主色调，通过类似的配色，使整个包装色调统一并富有变化。

富有艺术感觉的护肤品包装

以暖色调的黄色作为主色调，以细腻的水彩插画作为包装的视觉重心，给人一种放松、亲切的感觉。

8.2 卡通风格书籍

项目分析

书籍类型	卡通风格书籍
配色分析	邻近色配色方案

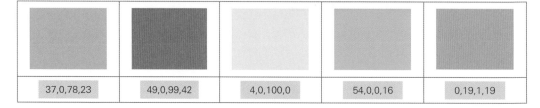

37,0,78,23	49,0,99,42	4,0,100,0	54,0,0,16	0,19,1,19

案例分析

① 以清新、可爱的绿色为主色调，整个封面采用邻近色的配色方案进行色彩搭配，使整个画面色调统一、和谐。

② 作品为卡通书籍封面，画面中的卡通形象与书籍的主题相吻合。

③ 画面中内容丰富，利用波浪线将页面分为上下两个部分，使画面内容整齐、方便读者阅读。

（1）饱满型

作品内容丰富，在封面中使用插画进行点缀，与书籍的内容相吻合。

（2）简洁型

减少封面中过多的文字和装饰元素，将书籍名称移动到页面中心的位置，可以增加文字的信息传播力。

（3）丰富型

为封面下方的文字添加了一个颜色鲜艳的底色，这样的设计可以增加该处文字的吸引力，亦可以增加读者对本书的了解。

（1）明度对比

低明度	高明度

将背景颜色调暗，这样与高明度的背景形成强烈的对比效果。	高明度的色彩基调给人一种温暖、鲜明的视觉感受。

（2）纯度对比

低纯度	高纯度

降低了画面的颜色纯度，画面传递出了柔和、温顺的视觉感受，但是减少了画面可爱、活力的视觉感受。	增加了画面颜色的纯度，画面颜色更加鲜艳，但是由于颜色纯度过高，会使画面产生浮躁、刺激的视觉感受。

（3）色调对比

蓝色调	黄色调

高纯度的蓝色为画面制造出了强烈的视觉冲击力。	黄色为暖色调，黄色调的配色方案可以通过暖色调特有的温暖、热情的感染力去感染读者。

（4）面积对比

类似色的大面积使用	互补色的大面积使用

采用类似色的配色原理进行色彩搭配，可以使画面产生色调统一、和谐的视觉印象。	红与绿为互补色，以红色为主色调并搭配少量的绿色，这样的配色使画面色彩鲜明、视觉冲击力强。

（5）色彩延伸

黄色调	青色调

低纯度的黄色调给人一种稳重的视觉感受，可以减轻前景中颜色的刺激感。	带有冰凉感的青色应用在卡通风格的封面中，保证画面童真、童趣的气氛，也为画面增加了一种单纯感。

（6）佳作欣赏

该封面内容简单、配色简单，这样的设计方便读者记忆。	干净的背景颜色将前景中绿色的橄榄凸显出来。	该作品为复古风格的书籍封面，内容丰富饱满，颜色变化多样。